油漆工由新手变高手

徐 阳 主编

金盾出版社

内 容 提 要

本书介绍了油漆工必备的基础知识和操作技能,"基础知识"的内容包括:涂料基础知识,常用涂料和工具,常用涂料技术性能等;"操作技能"的内容包括:油漆、涂料的调配,油漆工操作技术,建筑装修涂饰工程,防火、防腐涂料施工,防水涂料施工和油漆工安全操作与环保等。

本书内容新颖、涵盖面广、实用性强,图文并茂、浅显易懂,可作为油漆工程现场施工技术指导用书,也可作为相关专业的职业技术教育参考用书,同时也适合油漆工人自学使用。

图书在版编目(CIP)数据

油漆工由新手变高手/徐阳主编. —北京:金盾出版社,2019.1
ISBN 978-7-5186-1329-8

Ⅰ.①油… Ⅱ.①徐… Ⅲ.①建筑工程—涂漆 Ⅳ.①TU767

中国版本图书馆 CIP 数据核字(2017)第 114764 号

金盾出版社出版、总发行

北京太平路 5 号(地铁万寿路站往南)
邮政编码:100036 电话:68214039 83219215
传真:68276683 网址:www.jdcbs.cn
封面印刷:北京军迪印刷有限责任公司
正文印刷:北京军迪印刷有限责任公司
装订:北京军迪印刷有限责任公司
各地新华书店经销
开本:850×1168 1/32 印张:7.5 字数:206 千字
2019 年 1 月第 1 版第 1 次印刷
印数:1~4 000 册 定价:25.00 元

编写委员会

前　言

随着我国改革开放的深入发展,建筑业作为国民经济支柱产业的地位日益突出。活跃在施工现场一线的施工人员,肩负着重要的施工职责,他们操作技能、业务水平的高低直接影响工程项目施工的质量和效率,关系到建筑物的质量和效益,甚至关系到人们的生命和财产安全,关系到企业的信誉、前途和发展。

为了满足油漆工人在施工现场所应具备的技术及操作岗位的基本要求,使刚入行的工人与上岗"零距离"接口,尽快地从一个新手转变为一个技术高手,我们组织编写了此书。本书形象具体地阐述了施工要点及基本方法,使油漆工人从基础知识和操作技能两方面掌握关键点,其内容新颖,实用性强,图文并茂,浅显易懂。

本书在编写过程中,参考了大量的国家标准、行业标准以及专业著作。在此谨向有关参考资料的作者及参加编写工作、帮助排版的蔡丹丹、葛美玲、李庆磊、刘新艳同志表示最真挚的谢意。

由于编者水平有限,编写时间仓促,书中疏漏和不当之处在所难免,敬请专家和读者朋友批评指正。

编　者

目　录

＊ 基础知识篇 ＊

第一章　涂料基础知识

第一节　涂料基础知识

一、图线和比例【新手知识】

（1）工程建设制图应选用的图线，见表 1-1。

表 1-1　图线

名称		线型	线宽	一　般　用　途
实线	粗		b	主要可见轮廓线
	中粗		0.7b	可见轮廓线
	中		0.5b	可见轮廓线、尺寸线、变更云线
	细		0.25b	图例填充线、家具线
虚线	粗		b	见各有关专业制图标准
	中粗		0.7b	不可见轮廓线
	中		0.5b	不可见轮廓线、图例线
	细		0.25b	图例填充线、家具线
单点长画线	粗		b	见各有关专业制图标准
	中		0.5b	见各有关专业制图标准
	细		0.25b	中心线、对称线、轴线等

续表 1-1

名称		线型	线宽	一 般 用 途
双点长画线	粗	—‥—‥—‥—	b	见各有关专业制图标准
	中	—‥—‥—‥—	0.5b	见各有关专业制图标准
	细	—‥—‥—‥—	0.25b	假想轮廓线、成型前原始轮廓线
折断线	细	——	0.25b	断开界线
波浪线	细	∿∿∿	0.25b	断开界线

(2)图样的比例,应为图形与实物相对应的线性尺寸之比。比例的符号为"：",应以阿拉伯数字表示,宜注写在图名的右侧,字的基准线应取平。比例的字高宜比图名的字高小一号或两号,如图 1-1 所示。

平面图 1:100

图 1-1 比例的注写

绘图所用的比例应根据图样的用途与被绘对象的复杂程度,从表 1-2 中选用,并应优先采用表中常用比例。

表 1-2 绘图所用的比例

常用比例	1：1,1：2,1：5,1：10,1：20,1：30,1：50,1：100,1：150,1：200,1：500,1：1000,1：2000
可用比例	1：3,1：4,1：6,1：15,1：25,1：40,1：60,1：80,1：250,1：300,1：400,1：600,1：5000,1：10000,1：20000,1：50000,1：100000,1：200000

二、定位轴线【新手知识】

(1)定位轴线用细单点长画线绘制。轴线的编号注写在轴线端部的圆内,圆用细实线绘制,直径为 8～10mm,定位轴线圆的圆心在定位轴线的延长线或延长线的折线上。

(2)一般平面上定位轴线的编号标注在图样的下方或左侧。横向编号用阿拉伯数字,从左至右顺序编号;竖向编号用大写拉丁字母,从下至上顺序编写,如图 1-2 所示。拉丁字母的 I、O、Z 不得用作轴线编号。当字母数量不够使用,可增用双字母或单字母加数字注脚,如用 A_A、B_A ... Y_A 或 A_1、B_1 ... Y_1 表示。

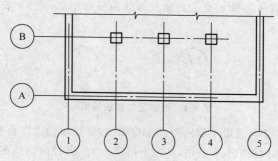

图 1-2　定位轴线的编号顺序

(3)组合较复杂的平面图中定位轴线也可采用分区编号,如图 1-3 所示。编号的注写形式应为"分区号-该分区编号"。"分区号-该分区编号"采用阿拉伯数字或大写拉丁字母表示。

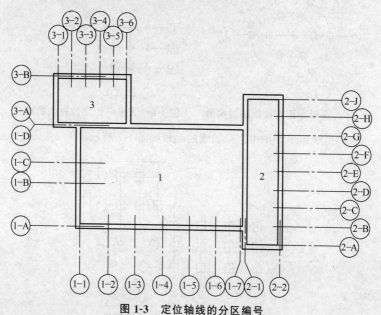

图 1-3　定位轴线的分区编号

　　(4)附加定位轴线的编号用分数表示,两根轴线间的附加轴线,分母表示前一轴线的编号,分子表示附加轴线的编号,如图1-4a、b所示。1号轴线或A号轴线之前的附加轴线的分母用01或0A表示,如图1-4c、d所示。

图 1-4　附加定位轴线的编号

　　(5)圆形与弧形平面图中的定位轴线,其径向轴线以角度进行定位,编号用阿拉伯数字表示,从左下角或－90°(若径向轴线很密,角度间隔很小)开始,按逆时针顺序编写;其环向轴线用大写拉丁字母表示,从外向内顺序编写,如图1-5、图1-6所示。

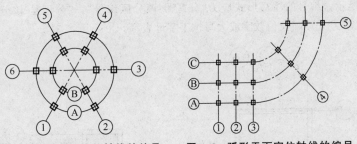

图 1-5　圆形平面定位轴线的编号　　　图 1-6　弧形平面定位轴线的编号

　　(6)折线形平面图中定位轴线的编号如图1-7所示。

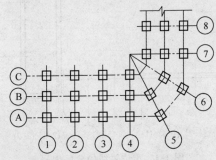

图 1-7　折线形平面定位轴线的编号

三、涂料的组成和分类【新手知识】

1. 涂料的组成

涂料主要由成膜物质、颜料、溶剂和助剂 4 类原料组成,其特点及作用见表 1-3。

表 1-3　涂料组成

涂料组成	特点及作用
成膜物质	成膜物质是油脂(干性油和半干性油)和树脂(天然树脂和合成树脂),依靠它们牢固地黏结在物体表面形成坚膜,起保护、防腐等作用
颜料	颜料有体质颜料、着色颜料和防锈颜料,起装饰、防锈作用
溶剂	溶剂有稀释剂和助溶剂,能改善涂料的流平性和其他性能
助剂	助剂有乳化剂、分散剂、湿润剂、稳定剂、触变剂、引发剂、催干剂、防霉剂、防冻剂等,起改善成膜物质性能和涂料性能的作用

2. 涂料的分类

(1)涂料分为 18 大类,其中辅助材料又划分为 5 类,其名称和代号见表 1-4。

表 1-4　涂料分类

序号	代号	名称	主要成膜物质	名称举例
1	Y	油脂	植物油、清油(熟油)合成油	厚漆、油性调和漆、清油、熟桐油等
2	T	天然树脂	松香及衍生物、虫胶、天然漆	磁性调和油、虫胶漆、大漆等
3	F	酚醛树脂	酚醛树脂、改性酚醛树脂	酚醛清漆、各色酚醛磁漆
4	L	沥青	天然沥青、石油沥青、煤焦沥青	沥青清漆、煤焦沥青漆、铝粉沥青涂料
5	C	醇酸树脂	醇酸树脂、改性醇酸树脂	醇酸清漆、各色醇酸磁漆等
6	A	氨基树脂	脲醛树脂、三聚氰胺甲醛树脂、聚酰胺树脂	氨基醇酸烘漆

续表 1-4

序号	代号	名称	主要成膜物质	名　称　举　例
7	Q	硝基纤维素	硝基纤维素	硝基纤维清漆、各色硝基磁漆
8	M	纤维酯及醚类	乙酸纤维素、乙基纤维素、醋丁纤维素、苄基纤维素	
9	G	过氯乙烯树脂	过氯乙烯树脂	过氯乙烯清漆、各色过氯乙烯磁漆、过氯乙烯底漆等
10	X	乙烯树脂	氯乙烯共聚树脂、聚乙酸乙烯及其聚合物	聚乙烯醇缩丁醛树脂清漆、磷化底漆等
11	B	丙烯酸树脂	丙烯酸树脂	丙烯木器清漆
12	Z	聚酯树脂	饱和聚酯树脂，不饱和聚酯树脂	
13	H	环氧树脂	环氧树脂、改性环氧树脂	环氧富锌底漆
14	S	聚氨酯	聚氨酯树脂	
15	W	元素有机聚合物	有机硅树脂及有机铝、有机钛等元素	有机硅耐热涂料
16	J	橡胶	氯橡胶、环化橡胶	
17	E	其他	未包括在以上的其他成膜物质	
18		辅助材料	稀释剂、防潮剂、催干剂、脱漆剂、固化剂等	X—稀释剂；F—防潮剂；G—催干剂；T—脱漆剂；H—固化剂

（2）按某些特定的性能来分，建筑涂料通常分为 7 类，见表 1-5。

表 1-5　建筑涂料分类

分类因素	种　　类
涂料成分	无机涂料、有机涂料、无机—有机复合涂料
涂料状态	水溶性涂料、乳液型涂料、溶剂型涂料、粉末涂料
涂料用途	外墙涂料、内墙涂料、顶棚涂料、屋面防水涂料、地面涂料、门窗专用涂料

续表 1-5

分类因素	种　类
涂料功能	防火涂料、防水涂料、防潮涂料、防霉涂料、防腐涂料、灭虫涂料、保温涂料、吸声涂料、抗静电涂料、防辐射涂料、发光涂料、取暖涂料
施工方法	刷涂、滚涂、喷涂、弹涂
涂料涂膜状	薄层涂料、厚质涂料、砂壁状涂料、夜光涂料、珠光涂料、多彩(幻彩)涂料
成膜物质	按建筑涂料生产中所用主要原料来分类，所生产的涂料品种分为18个大类，48个小类

四、涂料的型号和应用范围【新手知识】

1. 涂料的型号

(1)涂料型号以一个汉语拼音字母和几个阿拉伯数字组成。字母表示涂料的类别，位于型号的前面，第一、二位数字表示涂料产品基本名称，第三、四位数字表示涂料产品序号。

在第二位数字与第三位数字之间加一短画线把基本名称代号与序号分开。

(2)涂料产品的命名原则是：颜料或颜色名称＋成膜物质名称＋基本名称。基本名称仍采用一部分过去已有的习惯名称(调合漆、清漆、烘漆、底漆等)。涂料产品序号代号，见表1-6。

表 1-6　涂料产品序号代号

涂料品种		代　号	
		自干	烘干
清漆、底漆、腻子		1～29	30 以上
磁漆	有光	1～49	50～59
	半光	60～69	70～79
	无光	80～89	90～99
专业用漆	清漆	1～9	10～29
	有光磁漆	30～49	50～59
	半光磁漆	60～64	65～69
	无光磁漆	70～74	75～79
	底漆	80～89	90～99

(3)辅助材料型号由一个汉语拼音字母和1～2位阿拉伯数字组成,字母与数字之间有一短画。字母表示辅助材料的类别,数字为序号,用以区别同一类型的不同品种。辅助材料代号,见表1-4。

2. 涂料的应用范围

各种涂料使用范围见表1-7。

表 1-7　各种涂料使用范围

涂料种类	使 用 范 围
油脂漆	可供建筑用漆。清油可涂装油布、雨伞。调配成厚漆后可直接和以麻丝填嵌金属水管接头、制作帆布防水涂层以及廉价的伪装涂层。油性调和漆可涂装建筑物、门窗以及室外铁器及其他制品
天然树脂漆	可作各种一般要求的内用底漆、腻子和面漆。虫胶清漆可用于木器打底
沥青漆	可涂装防腐蚀的化工机械设备、管道、车辆、底盘、车架、金属屋顶、小五金零件、船底、渔网、蓄电池器材等。油性沥青烘漆可涂装自行车车架、缝纫机机头、仪表盘、发动机的汽缸、电机、绝缘材料,此外尚可作防水、密封材料
酚醛树脂漆	涂装铁桶容器外壁,室内家具、地板,食品罐头内壁,通风机外壳,化工防腐蚀设备的内壁,金属纱窗,绝缘材料。聚酰胺改性酚醛料可代替虫胶漆,用于木材、纸张涂装
醇酸树脂漆	用于室内外建筑物,室内外门窗、家具、办公室用具、各种交通车辆、船舶水线以上建筑物、船壳、船舱、钢结构金属支架、桥梁、高架铁塔、井架、建筑机械、采矿机械、暖气片、铁桶外壁、农业机械、起重机、推土机、电工绝缘器材等
氨基树脂漆	用于公共汽车、中级轿车、自行车用的烘干涂料、缝纫机、热水瓶、计算机、仪器仪表、医疗设备、电机设备、家用电器、小型金属零件等
硝基漆	用于航空翼布、汽车、皮革、高级木器、铅笔、工艺美术品,以及需要迅速干燥的机械设备、美术装饰漆、调制金粉、铝粉涂料等
过氯乙烯树脂漆	用于航空、化工设备腐蚀、木材防延烧、金属与非金属防潮、防霉,各种机床、电机外壳,混凝土、砖石、水泥制品表面,供高温高湿地区作三防涂料

续表 1-7

涂料种类	使用范围
丙烯酸漆	用于织物处理、人造皮革、金属防腐、罐头外壁、纸张上光、高级木器、仪表、表盘、医疗仪器、小轿车、轻工产品、砖石、水泥、混凝土、黄铜、铝、银器等罩光,高温高湿工业机械设备涂装
聚酯漆	用于木材、竹器、高级家具、防化学腐蚀设备、漆包线表面涂装,又可制收缩性小的聚酯腻子
聚氨酯漆	用于化工、船舶、露天设备、耐腐蚀设备,车辆内壁、油罐、槽车、甲板、地板、木制家具、航空飞机骨架及蒙皮、车辆,以及木材、皮革、塑料、混凝土、织物、纸张、铝及马口铁等表面。还能在水下或潮湿环境下使用
环氧树脂漆	可作各种化工石油设备的保护涂料,也可用于地板、甲板、船舱内壁、电镀槽。环氧煤焦沥青涂料可用作海洋构筑物的防腐蚀涂层
橡胶漆	用于化工设备、橡胶制品、车辆顶篷、内燃机发火线圈、道路标志、水泥、砖石、防延燃材料、露天设备以及冬期施工要求不影响干燥的工业设备
有机硅树脂漆	用于耐高温机械设备(如烟囱、锅炉、反应塔、回转窑、烧结炉)、H级绝缘材料、大理石防风蚀、长期维护的室外涂料、耐化学腐蚀材料等
乙烯类树脂漆	用于织物防水、玻璃、纸张、牙膏软管、电缆、船底防锈、防污、防延烧以及涂装可防放射性污染物的可剥性涂料
水性涂料	可作内外墙涂装用墙面涂料;顶棚考虑到吸声效果,可用毛面顶棚涂料;室内水泥地面用 108 或 801 胶水泥涂料。乳胶漆可涂刷门窗、墙壁、织物、纸张
各种特种涂料	用作耐温涂料、防火涂料、可剥涂料、变色涂料、荧光涂料、示温涂料、玻璃防碎涂料等

五、常见的涂料品种【新手知识】

常见涂料品种及特点见表 1-8。

表 1-8 常见涂料品种及特点

涂料品种	特　点
丙烯酸乳胶漆	丙烯酸乳胶漆一般由丙烯酸类乳液、颜填料、水、助剂组成。具有成本适中、耐候性优良、性能可调整性好、无有机溶剂释放等优点。主要用于建筑物的内外墙涂装、皮革涂装等
溶剂型丙烯酸漆	溶剂型丙烯酸漆具有极好的耐候性，很高的力学性能。溶剂型丙烯酸漆可分为自干型丙烯酸漆(热塑型)和交联固化型丙烯酸漆(热固型)，前者属于非转化型涂料，后者属于转化型涂料 　(1)自干型丙烯酸涂料主要用于建筑涂料、塑料涂料、电子涂料、道路画线涂料等，具有表干迅速、易于施工、保护和装饰作用明显的优点。缺点是固含量不容易太高，硬度、弹性不容易兼顾，一次施工不能得到很厚的涂膜，涂膜丰满性不够理想 　(2)交联固化型丙烯酸涂料广泛用于汽车涂料、电器涂料、木器涂料、建筑涂料等方面 　交联固化型丙烯酸涂料一般都具有很高的固含量，一次涂装可以得到很厚的涂膜，而且力学性能优良，可以制成高耐候、高丰满度、高弹性、高硬度的涂料。缺点是双组分涂料，施工比较麻烦，许多品种还需要加热固化或辐射固化，对环境条件要求比较高
聚氨酯漆	聚氨酯涂料可以分为双组分聚氨酯涂料和单组分聚氨酯涂料 　(1)双组分聚氨酯涂料一般是由异氰酸酯预聚物(也叫低分子氨基甲酸酯聚合物)和含羟基树脂两部分组成，通常称为固化剂组分和主剂组分。一般都具有良好的力学性能、较高的固体含量、各方面的性能都比较好。主要应用方向有木器涂料、汽车修补涂料、防腐涂料、地坪涂料、电子涂料、特种涂料等。缺点是施工工序复杂，对施工环境要求很高，漆膜容易产生弊病 　(2)单组分聚氨酯涂料主要有氨酯油涂料、潮气固化聚氨酯涂料、封闭型聚氨酯涂料等品种。主要用于地板涂料、防腐涂料、预涂卷材涂料等
硝基漆	硝基漆是目前比较常见的木器及装修用涂料，优点是装饰作用较好，施工简便，干燥迅速，对涂装环境的要求不高，具有较好的硬度和亮度，不易出现漆膜弊病，修补容易。缺点是固含量较低，需要较多的施工道数才能达到较好的效果；耐久性不太好，尤其是内用硝基漆，其保光保色性不好，使用时间稍长就容易出现诸如失光、开裂、变色等弊病；漆膜保护作用不好，不耐有机溶剂、不耐热、不耐腐蚀

续表 1-8

涂料品种	特　点
	硝基漆的主要成膜物是以硝化棉为主,配合醇酸树脂、改性松香树脂、丙烯酸树脂、氨基树脂等软硬树脂共同组成。一般还需要添加邻苯二甲酸二丁酯、二辛酯、氧化蓖麻油等增塑剂。溶剂主要有酯类、酮类、醇醚类等真溶剂,醇类等助溶剂,以及苯类等稀释剂。硝基漆主要用于木器及家具的涂装、家庭装修、一般装饰涂装、金属涂装、一般水泥涂装等方面
环氧漆	一般而言,对组成中含有较多环氧基团的涂料统称为环氧漆 　　环氧漆的主要品种是双组分涂料,由环氧树脂和固化剂组成 　　环氧漆的主要优点是对水泥、金属等无机材料的附着力很强;涂料本身非常耐腐蚀;力学性能优良,耐磨、耐冲击;可制成无溶剂或高固体分涂料;耐有机溶剂,耐热,耐水;涂膜无毒。缺点是耐候性不好,只能用于底漆或内用漆;装饰性较差,光泽不易保持;对施工环境要求较高,低温下涂膜固化缓慢,效果不好;许多品种需要高温固化,涂装设备的投入较大。环氧树脂涂料主要用于地坪涂装、汽车底漆、金属防腐、化学防腐等方面
氨基漆	氨基漆主要由两部分组成,其一是氨基树脂组分,主要有丁醚化三聚氰胺甲醛树脂、甲醚化三聚氰胺甲醛树脂、丁醚化脲醛树脂等树脂。其二是羟基树脂部分,主要有中短油度醇酸树脂、含羟基丙烯酸树脂、环氧树脂等树脂 　　氨基漆除了用于木器涂料的脲醛树脂漆(俗称酸固化漆)外,主要品种都需要加热固化,一般固化温度都在 100℃ 以上,固化时间都在 20min 以上。固化后的漆膜性能极佳,漆膜坚硬丰满,光亮艳丽,牢固耐久,具有很好的装饰作用及保护作用。缺点是对涂装设备的要求较高,能耗高,不适合于小型生产。氨基漆主要用于汽车面漆、家具涂装、家用电器涂装、各种金属表面涂装、仪器仪表及工业设备的涂装
醇酸漆	醇酸漆主要是由醇酸树脂组成,具有价格便宜、施工简单、对施工环境要求不高、涂膜丰满坚硬、耐久性和耐候性较好、装饰性和保护性都比较好等优点。缺点是干燥较慢、涂膜不易达到较高的要求,不适于高装饰性的场合 　　醇酸漆主要用于一般木器、家具及家庭装修的涂装,一般金属装饰涂装,要求不高的金属防腐涂装,一般农机、汽车、仪器仪表、工业设备的涂装等方面

续表 1-8

涂料品种	特　点
不饱和聚酯漆	不饱和聚酯漆,分为气干性不饱和聚酯和辐射固化(光固化)不饱和聚酯两大类 主要优点是可以制成无溶剂涂料,一次涂刷可以得到较厚的漆膜,对涂装温度的要求不高,而且漆膜装饰作用良好,漆膜坚韧耐磨,易于保养。缺点是固化时漆膜收缩率较大,对基材的附着力容易出现问题,气干性不饱和聚酯一般需要抛光处理,手续较为烦琐,辐射固化不饱和聚酯对涂装设备的要求较高,不适合于小型生产。不饱和聚酯漆主要用于家具、木制地板、金属防腐等方面
乙烯基漆	乙烯基漆的主要优点是耐候、耐化学腐蚀、耐水、绝缘、防霉、柔韧性佳。其缺点主要表现在耐热性一般、不易制成高固体涂料、力学性能一般,装饰性能差等方面。乙烯基漆主要用于工业防腐涂料、电绝缘涂料、磷化底漆、金属涂料、外用涂料等方面
酚醛漆	酚醛树脂是酚与醛在催化剂存在下缩合生成的产品。涂料工业中主要使用油溶酚醛树脂制漆 酚醛漆的优点是干燥快,漆膜光亮坚硬,耐水性及耐化学腐蚀性好。缺点是容易变黄,不宜制成浅色漆,耐候性不好。酚醛漆主要用于防腐涂料、绝缘涂料、一般金属涂料、一般装饰性涂料等方面
大漆	大漆又称天然漆,有生漆、熟漆之分 生漆有毒,漆膜粗糙,很少直接使用,经加工成熟漆或改性后制成各种精制漆。熟漆适于在潮湿环境中干燥,生成的漆膜光泽好、坚韧、稳定性高、耐酸性强,但干燥慢。经改性的快干推光漆、提庄漆等毒性低、漆膜坚韧,可喷可翮,施工方便,耐酸、耐水,适于高级涂装
清漆	它分油基清漆和树脂清漆两大类,前者俗称"凡立水",后者俗称"泡立水",是一种不含颜料的透明涂料。常用的有以下几种: (1)酯胶清漆:又称耐水清漆。漆膜光亮,耐水性好,但光泽不持久,干燥性差。适宜于木制家具、门窗、板壁的涂刷和金属表面的罩光 (2)酚醛清漆:俗称永明漆。干燥较快,漆膜坚韧耐久,光泽好,耐热、耐水、耐弱酸碱,缺点是漆膜易泛黄、较脆。适用于木制家具门窗、板壁的涂刷和金属表面的罩光

续表 1-8

涂料品种	特　点
	(3)醇酸清漆:又称三宝漆。这种漆的附着力、光泽度、耐久性比前两种好。它干燥快,硬度高,可抛光、打磨,色泽光亮。但膜脆、耐热、抗大气性较差。适于涂刷室内门窗、地面、家具等 (4)硝基清漆:又称清喷漆、腊克。具有干燥快、坚硬、光亮、耐磨、耐久等特点,是一种高级涂料,适于木材、金属表面的涂敷装饰,用于高级的门窗、板壁、扶手 (5)虫胶清漆:又名泡立水、酒精凡立水,也简称漆片。它是用虫胶片溶于95度以上的酒精中制得的溶液。这种漆使用方便,干燥快,漆膜坚硬光亮。缺点是耐水性、耐候性差,日光曝晒会失光,热水浸烫会泛白。一般用于室内木器家具的涂饰 (6)丙烯酸清漆:它可常温干燥,具有良好的耐候性、耐光性、耐热性、防霉性及附着力,但耐汽油性较差。适于喷涂经阳极氧化处理过的铝合金表面
调和漆	调和漆是最常用的一种漆。质地较软,均匀,稀稠适度,耐腐蚀、耐晒,长久不裂,遮盖力强,耐久性好,施工方便。它分油性调和漆和磁性调和漆两种。在室内适宜于磁性调和漆,这种调和漆比油性调和漆好,漆膜较硬,光亮平滑,但耐候性较油性调和漆差
瓷漆	瓷漆也是一种色漆,它是在清漆的基础上加入无机颜料制成。因漆膜光亮、平整、细腻、坚硬,外观类似陶瓷或搪瓷。瓷漆色彩丰富,附着力强。根据使用要求,可在瓷漆中加入不同剂量的消光剂,制得半光或无光瓷漆。常用的品种有酚醛瓷漆和醇酸瓷漆。适用于涂饰室内外的木材、金属表面、家具及木装修等

第二节　涂料的选用和采购

一、涂料的使用要求及配套【新手知识】

1. 涂料的使用要求

涂料的配套要求主要内容见表1-9。

表 1-9　　涂料的配套要求

项目	要　　求
涂料与基层表面的配套	金属表面，应选用防锈性能较好的底层涂料，以增强防锈涂料的附着力和防锈能力。木料表面，可先用清油或油性清漆打底，为提高涂层的光泽，可用木料封闭涂料打底，以防面层清漆被木料吸收，影响光泽
各涂料层之间的配套	为加强各涂层之间的结合力，底层涂料、刮腻子、封闭底层涂料、面层涂料均应配套。并应通过试验（做样板），以检验各涂层之间的结合力是否良好而稳定，不咬底，达到预期效果后，方可使用。一般以同类型成分的涂料配套使用比较可靠
涂料与溶剂、助剂的配套	要选用与所使用的涂料能结合的溶剂、助剂，否则在涂刷过程中会发生某些质量问题
与施工方法的配套	涂料如采用正确的施工方法，可显著地提高涂层的质量。如施工方法不当，则不会达到预期的装饰效果。因此，必须根据涂料产品的性能和要求，严格按操作规程进行施工

2. 涂料使用配套材料

（1）腻子。腻子对基体或基层的附着力、机械强度和耐老化性能，成为决定涂层质量的重要因素。为保证涂料工程中腻子的质量，涂料工程常用腻子及润粉的配合比见表 1-10。

表 1-10　　常用腻子及润粉的配合比

混凝土表面		木料表面			金属表面
适用于室内的腻子	适用于外墙、厨房、厕所、浴室的腻子	石膏腻子	氢气的润水粉	氢气的润油粉	
聚乙酸乙烯液（即白乳胶）1	聚乙酸乙烯（即白乳胶）1	石膏粉 20 熟桐油 7	大白粉 14 骨胶 1	大白粉 24 松香 16	石膏粉 20 熟桐油 5

续表 1-10

混凝土表面		木料表面			金属表面
适用于室内的腻子	适用于外墙、厨房、厕所、浴室的腻子	石膏腻子	氢气的润水粉	氢气的润油粉	
滑石粉或大白粉 5	水泥 5	水 50	土黄或其他颜料 1	熟桐油 2	油性腻子或醇酸腻子 10
2%羧甲基纤维素溶液 3.5	水 1		水 18		底漆 7 水 45

（2）打磨砂纸。基体或基层用腻子嵌实填平后,要用砂纸打磨使之平整光滑,然后再涂刷涂料。常用的打磨砂布、水砂纸规格见表 1-11 及表 1-12。

表 1-11　打磨砂布规格

项目	中　等　的							细　　的			
号数	4	3½	3	2½	2	1½	1	0	00	000	0000
粒度	24	30	36	46	60	80	100	120	150	180	240

表 1-12　水砂纸规格

项目	中　等　的					细　的				
号数	200	220	240	260	280	300	320	340	360	380	400

二、墙面涂料的选择原则与方法【新手知识】

1. 涂料的选择原则

涂料的选择原则是:有好的装饰效果,合理的耐久性和经济性,具体见表 1-13。

表 1-13　涂料的选择原则

原则	内　容
装饰效果	建筑的装饰效果主要是由质感、线型和色彩这三方面决定的,其中线型是由建筑结构及饰面方法所决定,而质感和色彩则是涂料装饰效果优劣的基本要素。所以在选用涂料时,应考虑到所选用的涂料与建筑的协调性及对建筑形体设计的补充效果
耐久性	耐久性包括两个方面的含义,即对建筑物的保护效果和装饰效果。涂膜的变色、沾污、剥落与装饰效果有直接关系;耐粉化、龟裂、剥落则与保护效果有关
经济性	经济性与耐久性是辩证统一的

2. 涂料的选择方法

涂料的选择方法分以下几种情况:

(1)按建筑物的装饰部位选择具有不同功能的涂料。

1)外部装饰主要有外墙立面、房檐、窗套等部位,所用涂料必须有足够好的耐水性、耐候(耐老化)性、耐沾污性和耐冻融性,才能保证有较好的装饰效果和耐久性。

2)内部装饰主要有内墙立面、顶棚、地面。内墙涂料对颜色、平整度、丰满度等有一定要求,而且内墙涂料原则上均可作顶棚涂装,但在较大型的公用建筑中,采用添加粗骨料的毛面顶棚涂料则更富有装饰效果。地面涂料除改变水泥地面硬、冷、易起灰等弊病外,还应具有较好的隔音作用。

(2)按不同的建筑结构材料来选择涂料及确定涂装体系。

用于建筑结构各种涂料所适应的基层材料是有所不同的,如无机涂料不适用于塑料、钢铁等结构材料上,对这类结构材料一般使用溶剂型或其他有机高分子涂料来装饰;而对混凝土、水泥砂浆等结构材料,必须使用具有较好的耐碱性的涂料,并且应能有效地防止基层材料中的碱析出涂膜表面,引起"盐析"现象而影响装饰效果。

(3)按建筑物所处的地理位置和施工季节选择涂料。

炎热多雨的南方所用的涂料不仅要求有较好的耐水性,而且应有较好的防霉性。严寒的北方对涂料的耐冻融性有着更高的要求。雨期施工时，应选择迅速干燥而且有较好初期耐水性的涂料。冬期施工则应特别注意涂料的最低成膜温度，选用成膜温度低的涂料。

（4）按建筑标准和造价选择涂料和确定施工工艺。

对于高级建筑可以选用高档涂料，并采用三道成活的施工工艺，即底层为封闭层，中间层形成具有较好质感的花纹和凹凸状，面层则使涂膜具有较好的耐水性、耐沾污性和耐候性，从而达到较好的装饰效果和耐久性。一般的建筑可选用中档或低档涂料，采用二道或一道成活的施工工艺。

三、涂料的选购【高手知识】

涂料在选购时应注意的细节见表1-14。

表1-14　涂料的选购

项目	内　　容
看包装	消费者选购漆时应仔细查看包装，聚酯漆因具有较大的挥发性，产品包装应密封性良好，不能有任何的泄漏现象存在，金属包装的不应出现锈蚀；仔细查看生产日期和保质期，首先从外包装上将劣质涂料剔出去
查分量	不同的油漆包装规格各不相同，重量也各不相同，消费者购买时可用简便的方法识别优劣，即将每罐拿出来摇一摇，若摇起来有"哗哗"声响，表明分量不足或有所挥发
看内容物	购买漆时一般不允许打开容器，但消费者拆封使用前应仔细查看漆内容物。主漆表面不能出现硬皮现象，漆液透明、色泽均匀、无杂质，并应具有良好的流动性；固化剂应为水白或淡黄透明液体，无分层、无凝聚、清晰透明、无杂质；稀释剂，学名"天那水"，俗称"香蕉水"，外观清晰、透明、无杂质，稀释性良好
看价格	大品牌漆的价格应该是统一的。就是说无论您走到哪个专卖店，价格都是不打折的，即使打折也是统一的。而小品牌漆由于利益的驱动，不顾消费者的利益随意改变价格，导致同一品牌价格在同一地区不统一，让消费者不知道到哪里买才算放心
看质检报告	质检报告上面有很多关于涂料检验的数据。主要应看以下几个指标： （1）乳胶漆看VOC。VOC是Volatile Organic Compound的缩写，意思是挥发性有机化合物，现行国内执行标准≤200g/L （2）木器漆看TDI含量。国标是小于或等于0.7% （3）真正的好漆苯检测是0。甲苯的标准应该低于40%
闻味	将鼻子靠近样板，好涂料没有味道，劣质涂料气味很大

四、涂饰基本施工方法【高手知识】

现代装饰工程,大致采用的涂料涂饰方式,主要为刷涂、喷涂、弹涂、滚涂和擦涂几种,除木质材料或金属材料表面的某些细部装饰,大多是采用喷涂。各种涂料涂饰方式及其特点见表 1-15。擦涂工艺见表 1-16。

表 1-15　涂料涂饰方式及其特点

涂饰方式	特　　点
刷涂	涂料的刷涂主要分蘸油、摊油和理油三个步骤 　(1)蘸油。事先将刷毛浸入稀料泡湿,然后甩掉刷毛上的多余稀料即入油蘸漆,入油(漆)深度不要超过刷毛的一半长度,而后将刷头两面在容器壁各拍打一下(使涂料进入刷毛端内并防止涂料滴坠),并略作捻转即迅速横提至涂刷面施涂 　(2)摊油。就是将刷具上的涂料铺于涂刷面,着力适中,由摊油段的上半部向上走刷,耗用油刷背面的漆料,然后再由上向下走刷,耗掉油刷正面的漆料。每刷摊油之间一般要留 5~6cm 的间隙(吸油的物面可不留间隙),在完成一部分面积的摊油之后,用不蘸涂料的刷子将摊好的涂料向横向或斜向涂刷均匀 　(3)理油。用油刷顶部将上述摊油轻刷上下理顺,注意走刷平稳,用力均匀,油刷与物面垂直,每刷即将结束时要在运行间把刷子逐渐提起而留下楂口。在木质面理油应顺木纹方向操作,由上向下理油。对于黏度大、挥发快、固体含量低,且特别容易溶解底层底层的硝基漆,应注意不得摊油,而是应该迅速涂刷,一气呵成。当感觉漆多发滑时,须尽快将漆料赶开,每道不得过厚
喷涂	涂料喷涂的类别有空气喷涂、高压无气喷涂、热喷涂及静电喷涂等,在建筑工程中采用最多的是空气喷涂和高压无气喷涂。普通的空气喷涂喷枪种类繁多,一般有吸出式、对嘴式和流出式。高压无气喷涂利用 0.4~0.6MPa 的压缩空气作动力,带动高压泵将涂料吸入,加压到 15MPa 左右,通过特制喷嘴喷出,当加过高压的涂料喷至空气中时,即剧烈膨胀雾化成扇形气流冲向被涂物面,此设备可以喷涂高黏度涂料,效率高,成膜厚,遮盖率高,涂饰质量好
滚涂	滚涂主要包括底漆、中间涂层、无光面漆、半光或全光面漆的涂装。多选用羊毛、马海毛、化纤绒毛及泡沫塑料等类的不同筒套辊筒,在涂料底盘或置于涂料桶内的铁网(辊网)上滚沾涂料,再于被涂物面轻力滚压。应有顺序地朝一个方向滚涂,有光或半光涂料的最后一遍涂层应进行表面滚理,注意顺木纹或朝强光照射方向滚理(也可用油刷进行刷理)

续表 1-15

涂饰方式	特 点
擦涂	采用竹丝、刨花及棉丝等软质材料,使用圈涂、横涂、直涂和直角涂等不同方式进行操作。主要是涂擦填孔料、硝基漆、虫胶漆,以及擦色、打蜡等,常用做法见表 1-16

表 1-16 涂饰工程常用擦涂工艺

项目	擦 涂 操 作
擦涂填孔料(老粉)	采用细软刨花、竹丝或棉丝,先醮填孔料对整个物面进行圈涂,将填孔料擦入木质面材料管孔。在将干未干时擦掉多余涂粉,先圈涂,后顺木纹擦,着力均匀并不漏四周。不允许有穿心眼、横擦痕及四边积粉现象。水性填孔料着色力强,应随涂随擦,大面积操作要迅速,接槎重叠处必须擦匀,各线脚边角处及时剔除积粉
擦涂硝基漆	采用尼龙丝团或包布棉花团,进行圈涂、横涂、直涂、直角涂。圈涂可采取顺时针或逆时针,使涂层逐渐加厚;横涂分 8 字形和蛇形,规则涂擦以利将下层压实碾平;直涂可消除圈涂与横涂的痕迹,使涂层进一步平实;直角涂使用捏成锥形的棉花团将油漆擦涂于角落
擦涂虫胶漆	虫胶含量为 30%～40%,酒精纯度为 83%～90%,擦涂过程中逐渐稀释,最后擦涂的漆液主要是酒精。每个局部只可来回擦涂 2 次,不可多擦。有棕眼部位要用棉花团醮虫胶后再醮浮石粉擦涂;大面积平面先撒少量浮石粉或滑石粉,滴入少量豆油或亚麻油再擦至填平棕眼。 现场温度须在 18℃以上,相对湿度为 65%±5%,以防止虫胶漆涂膜泛白。擦涂过程中不得停顿,否则中断处的漆膜会增厚且颜色加深
擦涂颜色	将颜料调成粥状,用毛刷呛色均匀涂刷,每次面积约 0.5m²,然后用拧干的细软湿布着力擦涂,填满棕眼后再顺丁纹擦除多余色浆。各段须在 2～3min 内完成,以免干燥后显接槎。物面各段全部擦涂完毕,再整体擦净一次。保护物面,擦色后不可再沾湿
擦涂砂蜡(抛光)	先将砂蜡捻细浸在煤油内,使之成糊状。用棉纱蘸取砂蜡后顺木纹着力来回涂擦,擦涂面由小到大。表面出光后,再擦净表面多余砂蜡。然后再用棉纱蘸少许煤油以同样方法反复擦至澄澈透亮,最后用干净棉纱把残余煤油擦除干净

续表 1-16

项目	擦 涂 操 作
擦涂砂蜡 （抛光）	聚氨酯漆面或硝基漆漆面若不使用砂蜡时，可采用酒精与稀释剂的混合液擦涂抛光。聚氨酯漆膜的抛光材料为酒精与聚氨酯稀释剂的混合液；硝基漆漆膜的抛光材料是酒精与香蕉水的混合液。具体配比应根据气温变化，当环境气温在 25℃ 以上时，酒精∶稀释剂＝（6～7）∶（3～4）；气温为 15℃～25℃ 时，酒精∶稀释剂＝1∶1

五、涂饰工程量计算规则【高手知识】

涂饰工程量的计算一般依据抹灰或饰面的工程量计算，即抹灰面的涂料刷浆工程量等于抹灰的工程量。

1. 内墙面抹灰工程量计算规则

（1）内墙面抹灰按面积以 m^2 计算，应扣除内墙裙、门窗洞口和单个面积为 $0.3m^2$ 以外的孔洞所占的面积，不扣除踢脚线、挂镜线和墙与构件交接处的面积，洞口侧面不另增加。附墙柱、梁、垛和附墙烟囱侧壁并入相应内墙面抹灰面积内计算。

（2）内墙面抹灰面积按主墙间的净长尺寸乘以高度以 m^2 计算，其高度确定如下：

1）无墙裙的，其高度按室内楼地面至天棚底面之间的距离计算；

2）有墙裙的，其高度按墙裙顶至天棚底面之间的距离计算；

3）钉板条天棚的内墙面抹灰，其高度按室内楼地面至天棚底面另加 $100mm$ 计算。

（3）内墙裙、踢脚线抹灰按内墙净长乘高度以 m^2 计算，应扣除门窗洞口和空圈所占的面积，门窗洞口和空圈的侧壁面积不另增加，墙垛、附墙烟囱侧壁面积并入墙裙或踢脚线抹灰面积内计算。踢脚线抹灰套用"零星项目"。

2. 外墙面抹灰工程量计算规则

（1）外墙面抹灰面积按外墙面的垂直投影面积以 m^2 计算，应扣除外墙裙、门窗洞口和单个面积 $0.3m^2$ 以外的孔洞所占面积，洞口侧面面积不另增加。附墙柱、梁、垛和附墙烟囱侧壁并入相应外墙面抹灰面积内计算。

（2）外墙裙抹灰按其长度乘高度以 m^2 计算，扣除门窗洞口和单个面积 $0.3m^2$ 以外的孔洞所占的面积，洞口侧面面积不增加。

（3）窗台线、门窗套、挑檐、腰线、遮阳板等抹灰，展开宽度在 300mm 以内者，按长度以 m 计算，执行装饰线条子目；展开宽度超过 300mm 以上者，按展开面积计算，执行零星抹灰子目。

（4）栏板、栏杆（包括立柱、扶手或压顶等）内外侧抹灰按立面垂直投影面积乘以系数 2.20 以 m^2 计算，执行墙面、墙裙子目。

（5）女儿墙（包括泛水、挑砖）、阳台栏板（不扣除花格所占孔洞面积）内侧抹灰按垂直投影面积乘以系数 1.10 以 m^2 计算，执行墙面、墙裙子目；其外侧抹灰并入相应外墙面抹灰面积内计算。

（6）墙面勾缝按墙面垂直投影面积以 m^2 计算，应扣除墙裙和墙面抹灰的面积，不扣除门窗洞口、门窗套、腰线等零星抹灰所占的面积，附墙柱和门窗洞口侧面的勾缝面积亦不增加。独立柱、房上烟囱面勾缝，按柱、烟囱表面积以 m^2 计算。

3. 外墙装饰抹灰工程计算规则

（1）外墙各种装饰抹灰均按实抹面积以 m^2 计算。应扣除门窗洞口空圈的面积，其侧壁面积不另增加。

（2）挑檐、天沟、腰线、栏杆、栏板、门窗套、窗台线、压顶、反檐等均按展开面积计算，执行零星装饰抹灰子目。其中：挑檐指伸出墙外 50cm 以内的挑板，伸出墙外 50cm 以上的挑板为雨篷；高出或低出板面 60cm 以内的装饰檐板按反檐计算，高度超过 60cm 的反檐按栏杆计算，超过 100cm 的按墙计算。

4. 墙面镶贴块料面层工程量计算规则

（1）墙面镶贴各类块料面层均按面积以 m^2 计算。

（2）墙裙以高度在 300～1500mm 以内为准，超过 1500mm 时按墙面，低于 300mm 按踢脚板，均按面积以 m^2 计算。块料踢脚板执行"零星项目"子目。附墙柱、垛按展开面积并入相应墙面计算。

（3）花岗岩、大理石腰线、阴角线柱墩、柱帽按最大外径周长计算。

5. 墙柱面装饰工程量计算规则

（1）墙柱面、独立柱装饰龙骨、基层及饰面工程量按展开面积以 m^2

计算。

（2）木隔墙、墙裙、护壁板，均按长度乘以高度按实铺面积以 m² 计算。木踢脚板按长度以 m 计算，执行"楼地面工程"中相应子目。

（3）玻璃隔墙按框外围展开面积以 m² 计算。

（4）浴厕木隔断，按下横档底面至上横档顶面高度乘长度以 m² 计算，门扇面积并入隔断面积内计算。

（5）铝合金、轻钢隔墙，按四周框外围面积以 m² 计算。

6. 独立柱(梁)面装饰工程量计算规则

（1）一般抹灰、装饰抹灰、镶贴块料按柱（梁）面结构尺寸以 m² 计算，应扣除柱与梁、梁与梁交接处面积。

（2）其他装饰按柱（梁）面外围饰面尺寸以 m² 计算，应扣除柱与梁、梁与梁交接处面积。

7. 各种墙柱面装饰"零星项目"工程量计算规则

各种墙柱面装饰"零星项目"工程量均按展开面积以 m² 计算。

8. 各类幕墙工程量计算规则

各类幕墙工程量均按面层展开面积以 m² 计算。全玻璃幕墙防火隔断工程量按面层展开面积以 m² 计算。点支式（驳接式）全玻璃幕墙钢结构桁架工程量按重量以 t 计算。幕墙金属骨架调整工程量按重量以 t 计算。

根据定额说明：涂料按相应粉刷计算规则。外墙装饰抹灰的计算规则如下："扣除门窗洞口空圈的面积，其侧壁面积不另增加""栏板、挑檐、天沟、腰线、栏杆、门窗套、窗台线、压顶等按图示尺寸展开面积以平方米计算"。

第二章　常用涂料和工具

第一节　涂饰工程的常用涂料简介

一、常用外墙涂料【新手知识】

外墙涂料分为乳胶涂料和溶剂型涂料两种,其特点见表2-1。

表2-1　外墙涂料分类及特点

种类	特点
乳胶涂料	乳胶涂料有苯丙乳胶涂料、纯丙乳胶涂料、乙丙乳胶涂料等。它们都是水性的,以水为分散介质,以苯丙乳液、纯丙乳液、乙丙乳液作基料,加入颜填料及各种助剂,经搅拌、分散、研磨就制成了乳胶涂料。它的特点是耐水性、保色性好,无毒无味,不污染环境
溶剂型外墙涂料	溶剂型外墙涂料主要是以热塑性丙烯酸、有机硅改性丙烯酸树脂、聚氨酯树脂等为成膜物质加入溶剂、颜填料及各种助剂,经溶解分散、研磨而成。它的特点是装饰效果好,使用寿命长

1. 乙烯(含丙烯酸酯)树脂类外用乳胶漆

采用乙酸乙烯—丙烯酸酯、乙酸乙烯—顺丁烯二酸丁酯、苯乙烯—丙烯酸酯等共聚乳液为成膜材料而配制的各类乳胶漆,具有良好的耐候性和耐久性及外饰面涂装效果。

(1)醋-顺类外用乳胶漆和厚质涂料。主要成膜材料为乙酸乙烯顺丁烯二酸丁酯共聚外用乳液,为改善耐候性及涂层质感效果而加入适量填充料和其他助剂。

(2)乙-丙类外用薄质与厚质涂料。主要是以乙酸乙烯—丙烯酸酯共聚乳液为主要成膜材料,加入成膜助剂、分散剂、稳定剂、适量填充料或大颗粒片状材料调制而成。

（3）苯-丙类外用厚质、彩砂、胶黏砂等涂料。主要是以苯乙烯—丙烯酸酯外用共聚乳液为主要成膜材料，加入助剂、增稠剂、稳定剂及各种填充和骨架材料调制而成。涂料品种较多，由于以苯—丙乳液为基料，选用彩色烧结陶砂、瓷粒、着色石英砂等填料，使涂层的质感、装饰性和耐久性均有较大改善。

（4）浮雕、波纹和图案等复合型外用涂料。主要是以改性苯—丙共聚物、环氧树脂、聚氨基甲酸酯树脂等为成膜黏结基料，分别调制成厚浆底漆、中层涂料及罩面涂料，采用不同的涂装工艺形成各种形式的涂料饰面。

常用乙烯（含丙烯酸）类外用涂料品种及适用范围见表 2-2，产品的技术标准按《合成树脂乳液外墙涂料》（GB/T 9755—2014），见表2-3。

表 2-2　常用乙烯（含丙烯酸）类外用涂料品种及适用范围

型　　号	名　　称	适用范围	色　　泽
	醋-顺外用乳胶漆	用于一般住宅及公用建筑外墙涂装（也可作室内装饰）	白色、奶黄、湖绿、湖蓝、果绿、天蓝、驼灰、棕色等 涂膜呈平光或半光
VB12-71 振华 8102-1 苏州	乙-丙外用薄、厚质涂料	用于一般建筑外墙饰面涂装薄质涂料（也可应用于室内装饰）	白色、奶黄、湖绿、湖蓝、果绿、天蓝、驼灰、棕色等 涂膜呈平光或半光
SB12-71 振华 LT-1(-2)中南 8301-1、8302-1 苏州	苯-丙外用薄、厚质涂料	用于装饰要求较高的一般建筑外饰面	白色、米黄、湖绿、湖蓝、驼灰、棕色等 涂膜呈平光或有光
	苯-丙彩砂外墙涂料 苯-丙胶黏砂外墙涂料	用于中级和要求较高的一般建筑外饰面	单色：粉红、铁红、紫红、咖啡、棕红、黄色、棕黄、绿色、蓝色、黑色等 复色：上述各种颜色任意组合

续表 2-2

型　号	名　称	适用范围	色　泽
SB-2 南汇 SB 汇丽	彩色复层凹凸花纹外墙涂层	由主涂层材料及面涂层材料组成 用于中高级建筑工程外墙装饰	各种色彩涂层呈凹凸花纹有光泽
SE-1 中南	环氧高级外墙复合涂料	由环氧树脂、聚酰胺树脂、水性厚浆涂料为基底，水性丙烯酸罩面清漆罩面组成 用于中高级建筑工程外墙装饰	各种色彩的仿花岗石装饰花纹
BE 白云	星星牌 BE 系列内外墙高级乳胶涂料	由 BE-水性斯拿（底漆） BE-料浆（掺加各种有机、无机填料的厚涂料） BE-各色有光丙烯酸水性涂料罩光 用于高级住宅、宾馆、酒家商场等内外装饰	RV 01 白色 02 米黄 03 浅黄 04 粉红 06 蛋青 07 啡色 08 绿花 涂膜具有光泽和立体感

表 2-3　合成树脂乳液外墙涂料技术指标

项　目	指　标	
	一等品	合格品
在容器中状态	搅拌混合后无硬块，呈均匀状态	
施工性	刷涂二道无障碍	
涂膜外观	涂膜外观正常	
干燥时间	≤2h	
对比率（白色和浅色）	≥0.9	≥0.87

续表 2-3

项　目	指　标	
	一等品	合格品
耐水性(96h)	无异常	
耐碱性(48h)	无异常	
耐洗刷性	≥1000 次	≥500 次
耐人工老化性	250h	200h
粉化	1 级	
变色	2 级	
涂料耐冻融性	不变质	
涂层耐温度性(10 次循环)	无异常	

2. 外用丙烯酸酯类涂料

主要采用有机硅(硅油、聚硅氧烷水解物等)、硅溶胶等改性添加剂和专用颜、填料配制而成的耐候外用丙烯酸类涂料,其技术标准按表 2-3 的指标,常用产品见表 2-4。

表 2-4　丙烯酸酯类涂料部分产品

序号	产品名称	主要成膜物	用途	用量/(m²/kg)
1	B-843 各色丙烯酸建筑面漆	丙烯酸树脂、固化剂(甲、乙组分)	内外墙	
2	各种 VB 型乳胶漆	乙酸乙烯酯、丙烯酸酯经乳液聚合	内外墙	内墙 4～8外墙 2～4
3	高装饰性建筑乳胶涂料	丙烯酸共聚树脂	内外墙	0.3 左右
4	各色外用乳胶涂料	丙烯酸改性乳液	外墙	4～6
5	191 丙烯酸外墙涂料	191 丙烯酸树脂	外墙	3.0
6	建筑用厚浆乳胶涂料	丙烯酸共聚乳液	内外墙	0.3～0.5
7	复合花纹内墙涂料	乙烯共聚乳液	内外墙	0.5

3. 无机装饰涂料

无机装饰涂料是以无机高分子材料为主要成膜材料加工配制成的

新型建筑涂料,其耐热、耐污染和耐候性能均优于一般有机高分子涂料。当前以碱金属硅酸盐和硅溶胶类无机涂料的应用较为广泛,大致分为硅酸钾、钠类无机涂料、硅溶胶类无机涂料、改性(硅溶胶为主要成膜物、丙烯酸酯类共聚乳液为辅助成膜材料)无机涂料。常用品种、应用特点及技术指标见表2-5。

表 2-5　部分无机建筑外用涂料应用特点及技术指标

名称	说明	应用特点	主要技术指标	生产单位
JH801 无机建筑涂料	系以硅酸钾溶液为主要成膜基料,加入填料,表面活性剂、着色剂调制而成,使用时加入固化剂,即可涂刷施工　产品分:细粉状、砂粒状、云母状三种,各种色彩约90余种	具有耐水、耐酸碱、耐污染、耐老化、耐高低温等性能,附着力强,适用于以水泥为基层的外墙面装饰	(1)硬度:6H 以上　(2)附着力:100% 划格法　(3)耐水性:60d 无异常　(4)耐酸性:浸泡于 5% 盐酸溶液中 30d 无异常　(5)耐碱性:浸泡于饱和氢氧化钙溶液中,30d 无异常　(6)耐污染性:白度值下降率≤25%　(7)耐老化性:氙灯老化仪照射 1000h 无明显变化	北京红星建筑涂料厂　上海建筑涂料厂等
JH802 无机建筑涂料	系以硅溶胶为主要成膜材料,加入填料分散剂、着色剂等调制而成,可直接涂刷施工	具有耐碱、耐水、耐污染老化性能,附着力强,适用于室内外建筑涂饰	(1)硬度:6H 以上　(2)耐污染:白度值下降率为 25%　(3)附着力:100% 划格法　(4)耐水性:>1000h　(5)耐碱性:浸泡于饱和氢氧化钙溶液中>500h　(6)耐酸性:浸泡于 5% 盐酸溶液中>300h　(7)耐老化:6000W 氙灯照射 1000h 无明显变化	北京红星建筑涂料厂　上海建筑涂料厂等

续表 2-5

名称	说明	应用特点	主要技术指标	生产单位
JGY822 无机建筑涂料	系以碱金属硅酸盐溶液为主要成膜物，加入固化剂、填充剂、表面活性剂、着色剂等制成的水溶性涂料。有砂胶、掺云母屑或云母片等数种	具有耐碱、耐酸、耐污染、耐晒、耐水、耐久、黏结力强等特点，适于各种建筑物外墙涂饰，可喷、可涂、可刷	(1)耐水性：在水中浸泡40d，涂膜无变化 (2)耐污染性：经30次污染，白度值下降率为25％ (3)耐碱性：长期浸泡于碱性溶液中，涂膜无变化。浸泡于饱和氢氧化钙溶液中30d，无异常 (4)耐酸性：浸泡于5％盐酸溶液中，漆膜无变化	河南省焦作市工业研究所
KS-82 有机-无机复合涂料	系以硅溶胶为主要成膜材料，丙烯酸酯类共聚乳液复合、助剂、填充料着色颜料、配制成单组分涂料	具有耐水、耐碱、耐污染、耐候性能及附着力和韧性，适用于水泥砂浆和混凝土面上装饰	(1)细度：$<100\mu m$ (2)黏度：涂4杯30～50s (3)固含量：65％～70％ (4)遮盖力：250～300g/m² (5)贮存期：6～12个月	化工部涂料研究所

二、常用内墙、顶棚涂料【新手知识】

内墙涂料一般可分为 4 种类型，见表 2-6。

表 2-6　内墙涂料分类

分类	特　点
低档水溶性涂料	低档水溶性涂料，是聚乙烯醇溶解在水中，再在其中加入颜料等其他助剂而成 这种涂料的缺点是不耐水、不耐碱，涂层受潮后容易剥落，属低档内墙涂料，适用于一般内墙装修。该类涂料具有价格便宜、无毒、无臭、施工方便等优点。干擦不掉粉，由于其成膜物是水溶性的，所以用湿布擦洗后总要留下些痕迹，耐久性也不好，易泛黄变色，但其价格便宜，施工也十分方便，目前消耗量仍最大，约占市场50％，多为中低档居室或临时居室室内墙装饰选用

续表 2-6

分类	特　点
乳胶漆	乳胶漆,是一种以水为介质,以丙烯酸酯类、苯乙烯—丙烯酸酯共聚物、乙酸乙烯酯类聚合物的水溶液为成膜物质,加入多种辅助成分制成,其成膜物是不溶于水的,涂膜的耐水性和耐候性比第一类大大提高,湿布擦洗后不留痕迹,并有平光、高光等不同装饰类型 乳胶漆属中高档涂料,好的乳胶涂料层具有良好的耐水、耐碱、耐洗刷性;涂层受潮后不会剥落。一般而言(在相同的颜料、体积、浓度条件下),苯丙乳胶漆比乙丙乳胶漆耐水、耐碱、耐擦洗性好,乙丙乳胶漆比聚乙酸乙烯乳胶漆(通称乳胶漆)好
多彩涂料	多彩涂料,该涂料的成膜物质是硝基纤维素,以水包油形式分散在水相中,一次喷涂可以形成多种颜色花纹
仿瓷涂料	其装饰效果细腻、光洁、淡雅,价格不高,只是施工工艺繁杂,耐湿擦性差

常用的内墙涂料按其化学成分为聚乙烯醇、氯乙烯、苯丙、乙丙、丙烯酸、硅酸盐、复合类和其他类等 8 类。常用的内墙涂料的品种及性能见表 2-7。

表 2-7　常用的内墙涂料的品种及性能

类别	名　称	主要成分及性能特点	适用范围及施工注意事项
聚乙烯醇类涂料	改性 106 内墙涂料	主要成分为聚乙烯醇水玻璃。本品无毒、无味、涂层表面光洁。耐水性:24h。耐热性(80℃):5h。耐擦性:Ⅰ级	用于水泥砂浆、砖墙面等,基层要求平整、干净,刷涂施工,用料须搅匀,不可加水,杜绝曝晒、雨淋,不宜在铁器中久存。表干:1h。实干:24h。最低成膜温度:5℃
	彩色滚花涂料	主要成分为聚乙烯醇,水溶性涂料,有立体感、真实感,类似墙布和塑料纸。耐水性:48h。耐碱性:48h。耐热性(80℃):10h。耐洗刷性:200 次	用于内墙装饰,基层要求大面平整,小面呈凹凸状,滚涂施工,涂料使用前应搅匀,干燥时间:1h

续表 2-7

类别	名　称	主要成分及性能特点	适用范围及施工注意事项
聚乙烯醇类涂料	111 耐擦洗优质内墙涂料	主要成分为聚乙烯醇,本品无毒、无味,表面光滑,不脱粉、不褪色。耐水性:24h。耐热性(80%):5h。耐擦洗性:>100 次	用于水泥砂浆等一般基层,基层要求平整、干净。刷、喷涂施工,使用时应搅匀,不得掺水或油漆,有冻胶可隔层加热,不宜在铁器中久存。表干:1h。实干:2h,最低施工温度:10℃
	毛面顶棚涂料	主要成分为聚乙烯醇,立体感强。耐水性:24h。耐干刷性:100 次	用于顶棚装饰,要求基层干燥、干净、无孔洞、无漏水现象,喷涂施工
聚乙烯醇类涂料	膨胀珍珠光喷浆涂料	主要成分为聚乙烯醇、聚乙酸乙烯。该涂料的质感好,类似小拉毛,可拼花、喷出彩色图案	适用于顶棚、木材、水泥砂浆等基层。采用喷涂施工,涂料不能长期置于铁桶中,也不宜长期暴露于空气中。最低施工温度:5℃
	XC-08-1 尼龙涂料	主要成分为高分子羟基聚合物反应的尼龙胶液,属开孔型涂料。本品无毒、无味、无光、色泽柔丽、洁白、不沉淀、不脱粉,耐擦洗,寿命长。耐水性:24h。耐热性(80℃):12h	涂料有分层,上层是胶液,如有凝冻可用水溶解凝冻,贮存在 15℃ 以上室内,不宜在铁器中久存。采用刷涂施工,表干:1h。实干:3.5h。最低施工温度:0℃
氯乙烯类涂料	206 内墙涂料	主要成分为氯乙烯、偏氯乙烯。本品无毒、无味、耐水、耐碱、耐化学性能好,对各种气体及蒸汽有极低的透过性,成膜均匀,涂刷性好,可在稍潮湿的基层上施工	本涂料分为两组分,配比为:色浆:氯偏清漆=4:1

续表 2-7

类别	名　称	主要成分及性能特点	适用范围及施工注意事项
氯乙烯类涂料	氯偏乳胶内墙涂料	主要成分为氯乙烯、偏氯乙烯。本品耐碱、耐水冲洗，涂层平整、光滑，耐水性：96h	适用于内墙面，基层应干燥、平整、干净。刷涂施工，宜用软毛刷涂刷，表干：45min，最低成膜温度：10℃
	RT-17 防水内墙涂料	主要成分为氯乙烯、偏氯乙烯乳浆，本品无毒、无味、耐磨、光洁，耐水性：672h，耐碱性：672h，耐酸性：672h	适用于内墙面，基层要求干净。刷涂施工，本涂料切忌与有机溶剂、石灰水等一起使用，表干：4h，最低施工温度：10℃
	过氯乙烯内墙涂料	主要成分为过氯乙烯树脂，属溶剂涂料。本品防水，耐老化，色彩丰富，表面光滑，稍有光泽，漆膜平整	本品宜刷涂施工，不宜用喷涂施工，表干：45min，实干：90min
苯丙类涂料	苯乙烯-丙烯酸酯乳胶漆	主要成分为苯乙烯、丙烯酸酯，本品耐候、耐污染、漆膜平整光滑，耐水性：96h，耐洗刷性：1000 次	本品不得混入有机溶剂或油性漆。基层要求平整、干净，雾天不宜施工，应防止涂料结冰，遇结冰，应在常温下解冻，不得加热，干燥时间：30min，最低施工温度：10℃
	LT-1 有光乳胶涂料	主要成分为苯乙烯、丙烯酸酯。本品无味、不燃、有保光性、耐久性较好，施工性好，能在略潮湿的基面上施工	基层要求除油、平整、干净，水泥砂浆墙面养护 7d、混凝土墙面养护 10d 后方可施工。喷、刷涂施工，涂料可用水稀释，严禁用油及有机溶剂稀释，干燥时间：30min，最低施工温度：10℃
	LT-3 苯丙乳胶涂料	主要成分为苯乙烯、丙烯酸酯。本品具有保色、保光、表面平整、不掉粉、耐久、抗污染等特点，耐水性：90h，耐碱性：>48h，耐洗刷性：300 次	喷、刷、滚涂施工，表干：1h；实干：24h，最低施工温度：3℃，湿度：<85%

续表 2-7

类别	名　称	主要成分及性能特点	适用范围及施工注意事项
苯丙类涂料	苯丙平光内墙乳胶漆	主要成分为苯乙烯、丙烯酸酯。本品无毒、无污染、不燃，附着力强，耐候、耐擦洗。漆膜平整柔和、保色、保光，耐水性：96h，耐碱性：48h	用于内墙面，喷、刷、滚涂施工，二道涂料的时间间隔：4h，干燥时间：2h，最低施工温度：10℃
丙烯酸类涂料	PG-838 滚花涂料	主要成分为丙烯酸系乳液，改性水溶性树脂。本品耐擦、可洗，黏结力强，耐水性：200h，耐洗刷性：100 次	用于内墙装饰，基层应干净、平整，含水率＜15%，滚涂施工，表干：30min，实干：24h，最低成膜温度：5℃
	JQ-831、JQ-841 耐擦洗内墙涂料	主要成分为丙烯酸乳液。本品无毒、无味，不易燃，保色、耐酸，耐水性：500h，耐碱性：200h，耐刷洗性：1000 次	适用于水泥砂浆、混凝土等墙面，基层要平整、干净。喷、刷涂施工，涂料可用水稀释，勿与有机溶剂与溶剂性漆混用，表干：30min，最低成膜温度：5℃
	各色丙烯酸滚花涂料	主要成分为丙烯酸乳液。本品耐擦洗，黏结力强，质感丰富，耐水性：24h	适用于水泥砂浆等基层，基层要求平整、干净。滚涂施工，严禁混入有机溶剂，表干：30min，实干：24h，最低施工温度：4℃
	各色丙烯酸平光乳胶涂料	主要成分为丙烯酸酯乳液。本品耐久、手感好，耐碱性：48h，耐洗刷性：500 次	适用于内墙装饰，基层要求平整、干净、无油污。涂料以清水作稀释剂，严禁混入无机溶剂和油，不宜加热。喷、刷、滚涂施工，最低施工温度：5℃
乙丙类涂料	白色平光乳胶漆	主要成分为乙酸乙烯、丙烯酸酯。本品无毒、透气性好，遮盖力强，耐擦洗	用于水泥砂浆等基层，基层要求干净。刷、滚涂施工，实干：2h，最低施工温度：15℃

续表 2-7

类别	名 称	主要成分及性能特点	适用范围及施工注意事项
乙丙类涂料	8101-5 内墙乳胶漆	主要成分为乙酸乙烯、丙烯酸酯共聚液。以水作稀释剂，无毒耐候，耐水性：96h	喷、滚涂施工。要求基层平整、光洁，表干：30min，最低施工温度：5℃
	乙-丙乳胶漆	主要成分为乙酸乙烯、丙烯酸酯。本品耐久、保光、保色，耐水性：96h，耐冻融性：5 次	刷涂施工，表干：30min，实干：24h
	高耐磨内墙涂料	主要成分乙酸乙烯、丙烯酸。本品为水性涂料，耐磨，有触变性	喷涂施工，先打底漆，再喷面漆，表干：1h，实干：24h，最低施工温度：6℃
硅酸盐系涂料	JH80-3 耐擦洗涂料	主要成分为硅酸钠加成膜助剂，属耐碱、耐高温的无机涂料。耐水性：168h，耐擦洗：300 次，耐刷洗性：1000 次，耐污染性：300 次	用于一般墙面。基层含水率＜10%，石灰抹面应养护15d 以上，涂料表干：1h，实干：12h，最低成膜温度：5℃
	KH2-1 轻质建筑涂料	主要成分为合成树脂乳液，本品集料体轻，有质感，黏性强，耐水性：500h，耐碱性：500h，耐冻融性：30 次，人工耐候性：500h，耐洗刷性：1000 次	喷涂施工，用前应搅匀
	水性无机高分子平面状涂料	主要成分为硅溶胶，外观平滑无光，有消光装饰性，也可经表面处理剂处理，可变为光亮型，耐水性：96h，耐碱性：48h，耐洗刷性：300 次	适用于内墙面，要求基层平整、干净，含水率＜10%。pH 值＜10，喷涂施工，干燥时间：2h，最低施工温度：5℃
	C-3 毛面顶棚涂料	主要成分为有机和无机胶黏剂。本品无毒、无味、不吸声、不扩音，耐水性：48h，耐洗刷性：干刷 250 次	喷涂施工，表干：1h，实干：24h，最低成膜温度：10℃

续表 2-7

类别	名　称	主要成分及性能特点	适用范围及施工注意事项
复合类涂料	乙-乙乳液彩色内墙涂料	主要成分为有机高分子聚合物。本品无毒、无味、涂膜平整、光滑，耐碱性：900h	用于一般基层，要求基层平整、干净。喷、刷涂施工，表干：1h，最低施工温度：10℃。如遇冻结，可加热解冻
	FN-841 内墙涂料	主要成分为复合高分子胶黏剂、碳酸盐、矿物盐。本品无毒、无味、不燃、不沉淀、耐摩擦冲洗。涂层光洁平整，能在较湿的墙面上施工，耐水性：48h，耐热性（80℃）：8h	用于内墙装饰，基层要求平整、干净。刷、滚、喷涂施工，表干：1h，最低施工温度：5℃，凝冻可适当加热搅拌，不宜久存在铁器中
	乳胶漆内墙涂料	主要成分为高分子黏结剂、合成乳液。本品无刺激气味，以水作稀释剂，能在稍潮湿墙面上施工，耐水性：24h，耐洗刷性：200 次	用于水泥砂浆等基层，要求基层牢固、平整、干净、干燥，灰浆新墙养护 7d 后方可涂刷。刷、滚涂施工，表干：2h，实干：6h，最低成膜温度：15℃

三、常用防腐涂料性能【新手知识】

(1)通风、空调工程中常用的涂料性能及用途见表 2-8。

(2)管道及设备耐腐蚀涂料及其配套底漆性能指标，见表 2-9。

表 2-8　通风、空调工程中常用的涂料性能及用途

型号	名称	特性和用途
Y53-1	红丹油性防锈漆	防锈性、涂刷性均好，但干燥较慢，漆膜较软，用于室内外金属表面防锈打底
Y53-2	铁红油性防锈漆	防锈性较好，附着力好。用于室内外要求不高的金属表面防锈打底
X06-1	乙烯磷化底漆（磷化底漆）	作为有色及黑色金属底层的防锈涂料，可增加有机涂层和金属表面的附着力，用于金属管道和器材表面

续表 2-8

型号	名称	特性和用途
H06-2	铁红、铁黑、锌黄环氧酯底漆	漆膜坚硬耐久,附着力良好,铁红、铁黑用于黑色金属材料打底,锌黄环氧酯底漆用于有色金属表面打底用
F53-1	红丹酚醛防锈漆	防锈性能好、干燥快、附着力好,机械强度高、耐水性较油性及醇酸防锈漆好。多用于室外物体,但不能作面漆,也不能用于轻金属表面
F53-4	锌黄酚醛防锈漆	锌黄能使金属表面钝化,故有良好的保护性与防锈性,适用于铝及其他轻金属物体的表面涂装,作防锈打底用
F53-8	铝铁酚醛防锈漆	漆膜坚韧,附着力强,能受高温烘烧(如装配切割,电焊火工校正等)不会产生有毒气体,施工方便。作防锈底漆打底涂层或金属结构防锈用
Y03-1	各色油性调和漆	耐候性较好,但干燥时间较长,漆膜较软。用于室内外一般金属、木质物体及建筑物表面的涂刷,作保护和装饰用
C53-1	红丹醇酸防锈漆	具有良好的防锈性能,漆膜坚韧,用于桥梁、铁塔、车辆、大型钢铁设备构件等黑色金属表面打底防锈。此底漆干燥后应及时涂面漆,可自干
C53-3	锌黄醇酸防锈漆	有一定的防锈性,适用于铝金属及其他轻金属等表面作防锈打底涂层,自干
C06-1	铁红醇酸底漆	有良好的附着力和防锈能力,可在涂硝基、醇酸、氨基、过氯乙烯等面漆前作为防锈底漆
C06-12	铁黑、锌黄醇酸底漆	对金属有较好的附着力,锌黄适用于镁及铝合金等轻金属物体表面打底防锈。铁黑用在黑色金属表面,烘干
C04-2	各色醇酸磁漆	具有较好的光泽和机械强度,能常温干燥,适宜涂装金属表面,木材表面也可使用 配套要求:先涂 C06-1 醇酸底漆 1~2 遍,以 C07-5 醇酸腻子补平,再涂 C06-1 醇酸底漆两遍,最后涂 C04-2
H52-3	各色环氧防腐漆	有一定的耐腐蚀和黏合能力,用于要求涂刷耐腐蚀的金属、混凝土、贮槽等表面或用于黏合陶瓷、耐酸砖
L50-1	沥青耐酸漆	具有耐一定硫酸腐蚀的性能,并有良好的附着力,用于需要防止硫酸侵蚀的金属、木材表面
G52-1	各色过氯乙烯防腐漆	具有优良的耐腐蚀性、耐酸、耐碱、防霉、防潮性。附着力较差,低温(60℃~65℃)烘烤 1~3h,可增强附着力

续表 2-8

型号	名称	特性和用途
G52-2	过氯乙烯防腐清漆	干燥快,具有优良的防化学腐蚀性能,耐无机酸、碱、盐类及煤油,单独使用时附着力差,要求配套使用 配套要求:喷 1~2 遍 G06-4,再喷 2~3 遍 G52-1,最后喷 3~4 遍本漆
H61-1	环氧耐热漆	有较好的耐水性、耐汽油性及耐温变性。特别是耐热性和耐化学腐蚀性很好。能常温干燥,供铝及镁合金等轻金属的防腐用

表 2-9　管道及设备耐腐蚀涂料及其配套底漆性能指标

涂料及配套底漆名称		性 能 指 标			
		漆膜颜色及外观	黏度(涂-4黏度计)/s	干燥时间(24℃~26℃,相对湿度60%~70%)/h	附着力/级
过氯乙烯漆及配套底漆	G07-3 各色过氯乙烯腻子	色调不规定,腻子膜应平整,无明显粗粒		<3	
	G06-4 锌黄铁红过氯乙烯底漆	铁红,色调不规定,漆膜平整,无粗粒	60~140	—	<2
	G52-1 各色过氯乙烯防腐漆	符合标准样板及色差范围,漆膜平整光亮	30~75	—	<3
	G52-2 过氯乙烯防腐清漆	浅黄色透明液体无显著机械杂质	20~50		
	X12-71 各色乙酸乙烯无光乳胶漆	符合标准样板及色差范围,平整无光	15~45(加 20%水测定)	<2	
	C06-1 铁红醇酸底漆	漆膜平整无光,色调不规定	6~120	<24	1
	C06-2 铁红环氧底漆	铁红,色调不规定,漆膜平整	50~70	<36	1

续表 2-9

涂料及配套底漆名称		性　能　指　标			
		漆膜颜色及外观	黏度(涂-4黏度计)/s	干燥时间(24℃~26℃,相对湿度60%~70%)/h	附着力/级
环氧漆酚醛漆	H07-5 各色环氧酯腻子	色调不规定,涂刮后,腻子层应平整、无明显粗粒,无擦痕,无气泡,无裂纹	—	<24	—
	H06-2 铁红环氧底漆	铁红,色调不规定,漆膜平整	50~70	<36	<1
	H06-1 云铁环氧沥青底漆	红褐色,色调不规定,平光	—	<24	<2
	H52-3 各色环氧防腐漆	奶白、灰色、黑色,近似标准样板,无可见的粗粒	30(用80g涂料,20g甲苯测定)	<24	—
	H01-4 环氧沥青漆	黑色光亮	40~100	<24	3
	H01-1 环氧清漆	透明,无机械杂质	60~90	<24	—
	F06-8 铁红酚醛底漆	铁红,色调不规定,漆膜平整	60~100	<24	<1
	F53-1 红丹酚醛防锈漆	橘红,漆膜平整,允许略有刷痕	4~80	<24	—
	F50-1 各色酚醛耐酸漆	符合标准样板,在色差范围内,漆膜平滑均匀	90~120	<16	—
	F01-1 酚醛清漆	透明液体	60~90	<18	—
	T07-2 灰酯胶腻子	灰色,色调不规定,涂刮后腻子层应平整,无明显粗粒无擦痕,无气泡,干后无裂纹		<24	—

续表 2-9

涂料及配套底漆名称		性 能 指 标			
		漆膜颜色及外观	黏度(涂-4黏度计)/s	干燥时间(24℃～26℃,相对湿度60%～70%)/h	附着力/级
沥青漆及配套底漆	L50-1 沥青耐酸漆	黑色,漆膜平整光滑	50～80	<24	—
	L01-6 沥青清漆	黑色,漆膜平整	20～30	<2	<2
	F53-1 红丹酚醛防锈漆	橘红,漆膜平整,允许略有刷痕	40～80	<24	—
	C06-1 铁红醇酸底漆	漆膜平整无光,色调不规定	60～120	<24	1
聚氨酯漆	S06-2 铁红、棕黄聚氨酯底漆	铁红、棕黄色,漆膜平整	—	<24	<2
	S04-4 灰聚氨酯磁漆	灰色,漆膜平整光亮	—	<24	<2
	S01-2 聚氨酯清漆	黄或棕色,漆膜透明	—	<24	<2

(3)防腐层结构所用材料,包括冷底子油和石油沥青玛蹄脂,其特点见表 2-10。

表 2-10　防腐层结构材料特点

项 目	特 点
冷底子油	冷底子油是由石油沥青和溶剂调配而成。在管道工程中作为防锈涂料,防止金属被锈蚀。配制时,先将沥青加热至 170℃～200℃。然后缓慢加入溶剂,调匀即可
石油沥青玛蹄脂(即沥青胶)	根据用途不同,分为热用玛蹄脂和冷用玛蹄脂 (1)热用石油沥青玛蹄脂系由石油沥青加热熔化后加入填充料配制而成。必须在熔化状态下使用。除用于防腐外,在绝热中用于做防潮层和作为绝热层和粘贴剂 　　熬制热用石油沥青玛蹄脂时,当升温至 160℃～180℃后,可逐渐加入填料,搅拌均匀待除去水分便可使用 (2)冷用石油沥青玛蹄脂系由石油沥青加溶剂及填料制成,可在常温时不加热使用(在气温 5℃ 以下使用需加热),常用于粘贴绝热材料 　　冷用石油沥青玛蹄脂的配合比为,10 号石油沥青:轻柴油:油酸:熟石灰粉:石棉绒＝50:(25～27):1:(14～15):(7～10)

四、钢构件常用底漆、面漆和防锈漆【新手知识】

常用涂料的性能、用途及配套见表 2-11～表 2-13。

表 2-11　常用防锈底漆

名称	型号	性能、用途及配套要求
红丹油性防锈漆 红丹酚醛防锈漆 红丹醇酸防锈漆	Y53-31 F53-31 C53-31	防锈能力强，耐候性好，漆膜坚韧，附着力较好 含铅，有毒 红丹油性防锈漆干燥慢 适用于室内外钢结构表面防锈打底用，但不能用于有色金属铝、锌等表面，因它能加速铝的腐蚀，与锌结合力差，涂覆后发生卷皮和脱层 与油性磁漆、酚醛磁漆和醇酸磁漆配套使用 不能与过氯乙烯漆配套 C53-1 与磷化底漆配套，防锈性能更好 稀释剂可用 200 号溶剂油或松节油调整黏度 F53-31 不能单独使用（耐候性不好），要与其他面漆配套，配套面漆为酚醛磁漆、醇酸磁漆等 C53-31 采用 X-6 醇酸稀释剂
硼钡酚醛防锈漆	F53-39	具有良好的防锈性能，附着力强，抗大气性能好，干燥快，施工方便 由松香改性酚醛树脂、多元醇松香脂、干性植物油、防锈颜料偏硼酸钡和其他颜料、催干剂、200 号溶剂油或松节油调制而成的长油度防锈漆 用于桥梁、火车车韧、船壳、大型建筑钢铁构件、钢铁器材表面，作为防锈打底之用 用 200 号溶剂油或松节油作稀释剂 最好不单独使用，可与酚醛磁漆配套用
铁红醇酸底漆	C06-1	由干性植物油改性醇酸树脂（中油或长油度）与铁红、防锈颜料、体质颜料等研磨后，加入催干剂并以 200 号溶剂油及二甲苯调成 漆膜具有良好的附着力和一定的防锈性能，与硝基、醇酸等面漆结合力好，在一般气候下耐久性好，湿热条件下耐久性差 用于黑色金属表面打底防锈 用 X-6 醇酸漆作稀释剂 配套面漆为：醇酸磁漆、氨基烘漆、沥青漆、过氯乙烯漆等

续表 2-11

名称	型号	性能、用途及配套要求
铁红环氧酯底漆	H06-2	漆膜坚韧耐久,附着力好,防锈、耐水和防潮性能比一般油性和醇酸底漆好,如与磷化底漆配套使用时,可提高漆膜的防潮、防盐雾及防锈性能 铁红、铁黑环氧酯底漆,适用于涂覆黑色金属表面,锌黄环氧酯底漆适用于涂覆轻金属表面。它们还适用于沿海地区和湿热带气候的金属材料表面打底 可用二甲苯和丁醇混合溶剂稀释
铁红过氯乙烯底漆	G06-4	耐化学性、防锈性比铁红醇酸底漆好,能耐海洋性及湿热带的气候,并具有防霉性 具有一定防锈性及耐化学性,但附着力不好,如在60℃～65℃烘烤可增加附着力及其他各种性能 铁红过氯乙烯底漆适用于车辆、机床及各种钢铁和木材表面打底,锌黄过氯乙烯底漆用于轻金属表面 用 X-3 过氯乙烯漆稀释剂调整黏度,如湿度大于70%的场合,需加适量 F-2 过氯乙烯漆防潮剂,以防漆膜变白
铁红油性防锈漆 铁红酚醛防锈漆	Y53-32 F53-33	附着力强,防锈性能次于红丹防锈漆,耐磨性差 适用于防锈性要求不高的场合,作防锈打底用 用 200 号溶剂油或松节油作稀释剂 配套面漆为酚醛磁漆和醇酸磁漆等
云铁环氧酯防锈漆(云铁环氧防锈漆)	H53-30	自干,漆膜附着力好,耐水和防锈性良好 适用桥梁、铁塔、船壳、农机、车辆、管道以及露天贮罐等防锈打底 可用 X-7 稀释剂调整施工黏度
红丹环氧酯防锈漆(H53-1)	H53-31	附着力、防锈性好 供防锈要求较高的桥梁、船壳、工矿车辆等打底 可用 X-7 稀释剂调整施工黏度
铁红、锌黄环氧酯底漆	H06-19	漆膜坚硬、耐久、附着力良好。若与乙烯磷化底漆配套使用,可提高漆膜的耐潮、耐盐雾和防锈性能 铁红适用于钢铁表面,锌黄适用于铝及铝镁合金表面 以二甲苯稀释黏度 配套漆为乙烯磷化底漆、环氧烘漆或氨基烘漆

续表 2-11

名称	型号	性能、用途及配套要求
环氧富锌底漆(分装)	H06-4	漆膜防锈力很强,具有阴极保护和能渗入焊接处,能耐溶剂;在阳光下耐候性稳定,但易产生沉淀,施工工艺要求较高 适用于造船工业水下金属表面涂装及化工设备防腐蚀打底 可用 X-7 稀释剂调整施工黏度 施工过程中要经常搅拌
环氧沥青底漆(分装)(SQH06-5 环氧沥青管道底漆)	H06-13	干燥快,漆膜有良好的附着力和防腐性 适用管道等黑色金属防锈打底;可与 H04-10 配套使用 可用 X-7 稀释剂调整施工黏度
环氧清漆(分装)(668 环氧加成物清漆)	H01-1	具有良好的附着力和较好的耐水、抗潮性能 主要用于铝、镁等金属打底 可用 X-7 稀释剂调整施工黏度
锶黄丙烯酸底漆(HB06-2 锶黄丙烯酸酯底漆,AT-10C 丙烯酸底漆)	B06-2	具有良好的耐腐蚀、防霉、耐热和耐久性,并能在常温下干燥 用于不能高温干燥的金属设备及轻金属零件的打底 用 X-5 丙烯胶漆稀释剂稀释 若对漆膜有特别高的要求时,可先涂 X06-1 乙烯磷化底漆再涂该漆,然后涂丙烯酸磁漆
锌黄酚醛防锈漆(锌黄防锈漆,725 锌黄防锈漆 F53-4)	F53-34	具有良好的防锈性能 用于轻金属表面作为防锈打底用 用 200 号溶剂油或松节油作稀释剂 使用时要充分搅拌均匀
锌黄、铁红纯酚醛底漆	F06-9	具有一定防锈能力,耐水性好 锌黄纯酚醛底漆用于涂覆铝合金表面,铁红纯酚醛底漆用于涂覆钢铁表面 用二甲苯、松节油作稀释剂 配套面漆为醇酸磁漆、氨基烘漆、纯酚醛磁漆

续表 2-11

名称	型号	性能、用途及配套要求
铁红、灰酯胶底漆（头道底漆，红灰、白灰酯胶底漆，绿灰底漆等）	T06-5	漆膜较硬，易打磨，并有较好的附着力 主要用于要求不高的钢铁、木质表面的底漆 喷涂、刷涂均可。可用 200 号溶剂油或松节油稀释 配套面漆可用调和漆、酚醛磁漆、酚酸磁漆或硝基磁漆等
各色厚漆（甲、乙级各色厚漆）	Y02-1	容易涂刷，价格便宜，但漆膜柔软，干燥慢，耐久性差 用于一般要求不高的建筑物或水管接头处的涂覆，也可作木质件打底用 使用前应调入清洁，调匀后涂覆 漆中如有粗粒，应先过滤，然后施工
乙烯磷化底漆（分装）	X06-1	作为有色及黑色金属底层的表面处理剂，能起磷化作用，可增加有机涂层和表面的附着力 该漆亦称洗涤底漆，适用于涂覆各种船舶、浮筒、桥梁、仪表以及其他各种金属构件和器材表面 搅拌均匀的底漆放入非金属容器内，边搅拌边缓慢加入比例量的磷化液，放置 15～30min 后使用。须在 12h 内用完，否则易于胶凝 采用两包装，使用前将两部分混合均匀，比例为每 4 份底漆加 1 份磷化液
醇酸二道底漆（醇酸二道浆二道底漆 175、185）	C06-10	适用于烘干，也可在常温干燥，容易打磨，与腻子层及面漆结合力好 涂在已打磨的腻子层上，以填平腻子层的砂孔、纹道 用松节油作稀释剂，喷涂用二甲苯作稀释剂 配套面漆为醇酸磁漆、氨基烘漆、沥青漆等
锌黄、铁红、灰酚醛底漆（1515）	F06-8	漆膜具有较好的附着力和防锈性能 锌黄色用于铝合金等轻金属表面，铁红和灰色用于钢铁金属表面 采用 200 号溶剂油、二甲苯、松节油作稀释剂 配套漆为调和漆、醇酸磁漆、氨基烘漆、纯酚醛磁漆等

续表 2-11

名称	型号	性能、用途及配套要求
有机硅富锌底漆（分装）	WR-1 企标	具有良好的耐热性、温变性、防锈性和阴极保护作用；可长期在 400℃高温下使用 与 W61-901 有机硅高炉与热风炉高温防腐漆配套使用 钢材表面处理除锈等级必须达到 Sa2.5 级
各色高氯化聚乙烯磁漆	X53-11 企标	具有优良的耐候性，耐化工大气、保光保色性好 适用于重工业大气和化工大气及化工介质的防腐蚀 使用专用稀释剂 应与高氯化聚乙烯底、中漆配套使用

表 2-12　常用面漆

名称	型号	性能、用途及配套要求
油性调和漆	Y03-1	耐候性较酯胶调和漆好，易于涂刷，但干燥时间较长，漆膜较软 用于室内外一般金属、木质物件及建筑物表面的保护和装饰 使用前必须调匀 如黏度太大，可用 200 号溶剂油或松节油进行调整
各色酚醛磁漆（紫棕衣架漆、805 黄标志漆、铁红货舱漆、特酯胶磁漆、751 银粉漆）	F04-1	漆膜坚硬，有光泽，附着力较好，但耐候性差 用于建筑工程、交通工具、机械设备等室内木材和金属表面的涂覆，作保护及装饰 用 200 号溶剂油或松节油作稀释剂 配套底漆为酯胶底漆、红丹防锈漆、灰防锈漆和铁红防锈漆
各色纯酚醛磁漆（水陆两用漆）	F04-11	漆膜较硬，光泽较好，具有一般耐水和耐候性 用于涂装要求耐潮湿、干湿交替的金属和木质物件 用 200 号溶剂油、二甲苯作稀释剂 配套底漆可用防锈漆、酚醛底漆

续表 2-12

名称	型号	性能、用途及配套要求
各色醇酸磁漆（3131铝色醇酸磁漆、银粉耐热醇酸磁漆、钢灰桥梁面漆）	C04-2	具有较好的光泽和机械强度，耐候性较好，能自然干燥，也可低温烘干 用于金属及木制面表面的保护及装饰性涂覆 每层喷涂厚度 $15\sim20\mu m$ 为宜，干后再涂下一道 可用 X-6 醇酸稀释剂 配套底漆为醇酸底漆、醇酸二道底漆、环氧酯底漆、酚醛底漆等
各色醇酸磁漆（钢灰桥梁面漆，头道、二道醇酸磁漆，中灰钢梁面漆，草绿醇酸客舱漆。885-1～885-8醇酸内舱漆）	C04-42	具有良好的耐候性及附着力，其机械强度较好，能自然干燥，也可低温烘干 主要用于涂覆户外的钢铁表面 可用 X-6 醇酸漆稀释剂调整黏度 配套底漆为醇酸底漆、醇酸二道底漆、环氧脂底漆、酚醛底漆等 漆膜经 60℃～70℃烘烤后耐水性能显著提高
灰醇酸磁漆（分装）（66灰色户外面漆）	C04-45	具有很低的水汽渗透性，对紫外线有较强的反射作用，耐候性优良 用于涂覆钢铁桥梁、高压线铁塔和户外钢铁构筑物的表面 涂 F53-1 红丹酚醛防锈漆或 F53-9 银灰硼钡酚醛防锈漆二道，再涂该漆三道，漆膜总厚度要求不少于 $200\mu m$
白丙烯酸磁漆（AC-1CⅡ，AC-2CⅡ）	B04-6	能在室温干燥，不泛黄，对湿热带气候具有良好的稳定性 用于涂覆各种金属表面及经阳极化处理后涂有底漆的硬铝表面 使用时用 X-5 丙烯酸稀释
高氯化聚乙烯铁红防锈漆	X53-2企标	具有优良的防锈性、耐盐雾和耐干湿交替性能，漆膜坚硬、附着力好，干燥快 适用于重工业大气和化工大气及化工介质的防腐蚀 使用专用稀释剂 与高氯化聚乙烯中、面漆配合使用

续表 2-12

名称	型号	性能、用途及配套要求
各色氯磺化聚乙烯防腐面漆	J52-61 企标	具有较好的耐候老化性和耐盐雾性；还有优异的耐酸、碱、盐类的腐蚀性，以及耐化工大气、耐水、耐油、耐热、耐寒等性能 用于钢结构、管道、槽罐、塔以及各种设备的防腐蚀 应使用专用稀释剂 施工时不宜反复多次刷涂
环氧沥青磁漆（分装）（SQH042 环氧沥青管道面漆）	H04-10	能自干，漆膜耐水、耐潮、耐酸碱等腐蚀，并有一定的绝缘性，可与 H06-13 配套使用 用于地下管道外壁防腐，也可与玻璃纤维包扎配套使用；防腐性能优越 可用 X-7 稀释剂调整施工黏度
聚氨酯清漆（分装）（7511 聚氨酯清漆）	S01-15 企标	自干，漆膜光亮、硬度高，具有良好的磨光性、耐候性 用于高级木器及金属表面装饰及防护涂装 施工时，可用 X-10 稀释剂调整施工黏度
酚醛调合漆	F03-1	漆膜光亮，色彩鲜艳，有一定的耐候性，但较 F04-1 酚醛磁漆稍差 适用于室内一般钢结构
灰酚醛防锈漆	F53-2	耐候性较好，有一定的耐水性和防锈能力 适用于室内外钢结构，多作面漆使用 红丹或铁红类防锈漆
锌灰油性防锈漆	Y53-5	耐候性好，比一般油性调和漆强，不易粉化，也有一定的防锈能力，涂刷性好 适用于桥梁、铁塔、电杆等室外钢结构作防锈面漆
各色酯胶调和漆（磁性调和漆）	T03-1	漆膜光亮鲜艳，但耐候性较差 适用于室内一般金属、木质物件以及五金零件、玩具等表面作装饰保护之用 用 200 号溶剂油作稀释剂
各色酯胶磁漆	T04-1	干燥性能比油性调和漆好，漆膜较硬，有一定的耐水性 用于室内外一般金属、木质物件及建筑物表面的涂覆，作保护和装饰之用 使用前必须将漆搅匀，如有结皮、粗粒应进行过滤 用 200 号溶剂油或松节油作稀释剂

表 2-13　常用防腐漆

名称	型号	性能、用途及配套要求
过氯乙烯防腐漆	G52-1	漆膜具有良好的耐候性、耐腐蚀性和防潮性，附着力较差，如配套得好，可以弥补 适用于室内外钢结构防工业大气腐蚀 与 X06-1 磷化底漆和 G06-4 铁红过氯乙烯底漆配套使用
沥青耐酸漆（沥青抗酸漆，411、177、35）	L50-1	该漆具有耐硫酸腐蚀的性能并有良好的附着力 主要用于需要防止硫酸浸蚀的金属表面 可用 200 号溶剂油稀释，也可用二甲苯与 200 号溶剂油混合溶剂稀释 如贮存期过久或冷天可适当加入 5% 以下的催干剂，以提高干性
沥青清漆（67 号，68 号）	L01-6	具有良好的耐水、防潮、防腐蚀性能，但机械性能差，耐候性不好，不能涂于太阳光直射的物体表面 用于各种容器与机械等内表面涂覆，作防潮、耐水防腐之用 可用纯苯稀释至符合施工要求
过氯乙烯防腐漆（过氯乙烯防腐涂料）	G52-2	具有良好的耐腐蚀性能，也可防火 与各色过氯乙烯防腐漆配套使用，涂于化工机械、设备、管道、建筑物等，也可单独使用，但附着力差 可用 X-3 过氯乙烯漆稀释剂。若现场湿度大于 70% 时可加入适量的 F-2 过氯乙烯防潮剂，以防漆膜发白
各色过氯乙烯防腐漆	G52-31	具有优良的耐腐蚀性和耐潮性 用于各种化工机械管道、设备、建筑等金属或木材表面上，可防酸、碱及其他化学药品的腐蚀 以 X-3 过氯乙烯稀释剂调整黏度，如现场湿度大于 70%，可加入适量 F-2 过氯乙烯防潮剂

续表 2-13

名称	型号	性能、用途及配套要求
各色环氧防腐漆(分装)(冷固化环氧涂料)	H52-33	附着力、耐盐水性良好,有一定的耐强溶剂和碱液腐蚀性。漆膜坚韧耐久 适用于大型钢铁设备和管道防化学腐蚀的涂装 可用 X-7 稀释剂调整施工黏度 甲、乙组分混合后,应在规定时间内用完
有机硅高炉与热风炉高温防腐漆	W61-64	具有良好的耐热性、耐温差骤变性,可长期在 400℃ 高温条件下使用;耐候、耐化学大气、耐水、耐潮和电绝缘性优良,可在常温条件下固化 专用于高炉、热风炉外壁高温防腐,也适用于烟囱、排气管、高温管道、加热炉、热交换器等表面的高温防腐 钢材表面除锈必须达到 Sa2.5 级,粗糙度以 $30\sim40\mu m$ 为宜;施涂两道,总厚以 $40\mu m$ 为宜

五、防水涂料【新手知识】

无定型材料经现场制作,可在结构物表面固化形成具有防水能力的膜层材料,称为防水涂料。

防水涂料一般可分为 4 个类型,见表 2-14。

表 2-14　防水涂料

分类	内　　容
挥发型	包括溶剂型、水乳型
反应型	包括固化剂固化型、湿气固化型
反应挥发型	水分挥发为主,无机物水化反应为辅
水化结晶渗透型	水化成膜为主型、渗透结晶为主型

各类产品的典型产品见表 2-15。

表 2-15　各类防水涂料的典型产品

合成树脂类	单组分	溶剂型:丙烯酸酯、聚氯乙烯
		水乳型:丙烯酸酯、丁苯
	双组分	聚硫环氧树脂

续表 2-15

橡胶类	单组分	溶剂型:氯磺化聚乙烯橡胶、乙丙橡胶
		水乳型:硅橡胶、丁苯、羧基丁苯、氯丁橡胶、丙烯酸酯
		反应型:单组分聚氨酯
	双组分	聚氨酯、焦油聚氨酯、沥青聚氨酯、聚硫橡胶
橡胶沥青类	溶剂型:氯丁橡胶类、再生橡胶沥青、SBS 改性沥青、丁基橡胶沥青	
	水乳型:氯丁橡胶沥青、羧基氯丁橡胶沥青、再生橡胶沥青	
沥青类	水分散型:膨润土沥青、石棉沥青	
	溶剂型:沥青涂料	
聚合物水泥复合涂料	A 型	断裂延伸率>150%,断裂拉伸强度>1.2MPa
	B 型	断裂延伸率>60%,断裂拉伸强度>1.5MPa
结晶渗透型	XYPEX 等	
水化反应涂层	防水宝、确保时、水不漏等	

六、防火涂料【新手知识】

各种结构防火涂料见表 2-16。

表 2-16　各种结构防火涂料

结构类型	特　点
厚涂型钢结构防火涂料	所谓厚涂型钢结构防火涂料是指涂层厚度在 8～50mm 的涂料 这类钢结构防火涂料的耐火极限可达 0.5～3h。在火灾中涂层不膨胀,依靠材料的不燃性、低导热性或涂层中材料的吸热性,延缓钢材的温升,保护钢件 它除了具有水溶性防火涂料的一些优点之外,还具有成本低廉这一突出特点 该类钢结构防火涂料施工采用喷涂,一般多应用在耐火极限要求在 2h 以上的室内钢结构上。但这类产品由于涂层厚,外观装饰性相对较差

续表 2-16

结构类型	特 点
薄涂型钢结构防火涂料	一般讲,涂层使用厚度在 3～7mm 的钢结构防火涂料称为薄涂型钢结构防火涂料 该类涂料受火时能膨胀发泡,以膨胀发泡所形成的耐火隔热层延缓钢材的温升,保护钢构件 该涂料一般分为底层(隔热层)和面层(装饰层),其装饰性比厚涂型好,施工采用喷涂,一般使用在耐火极限要求不超过 2h 的建筑钢结构上
超薄型钢结构防火涂料	超薄型钢结构防火涂料是指涂层厚度不超过 3mm 的钢结构防火涂料,这类钢结构防火涂料受火时膨胀发泡,形成致密的防火隔热层,是近几年发展起来的新品种。它可采用喷涂、刷涂或滚涂施工,一般使用在要求耐火极限 2h 以内的建筑钢结构上 超薄型膨胀钢结构防火涂料黏度更小、涂层更薄、施工方便、装饰性好
饰面型防火涂料	饰面型防火涂料是一种集装饰和防火为一体的新型涂料品种,当它涂覆于可燃基材上时,平时可起一定的装饰作用;一旦火灾发生时,则具有阻止火势蔓延,从而达到保护可燃基材的目的 饰面型膨胀防火涂料,若以溶剂类型来分,可分为溶剂型和水溶型两类 (1)溶剂型防火涂料的成膜物质一般选用氯化橡胶、过氯乙烯、氨基树脂、酚醛树脂等,采用的溶剂为 200 号溶剂、汽油、香蕉水、乙酸丁酯等 (2)水溶型防水涂料的成膜物质一般选用氯乙烯-偏二氯乙烯乳液、苯-丙乳液、丙烯酸乳液、聚乙酸乙烯乳液等,这些材料均以水为溶剂 这两类涂料性能上的差别主要在于涂料的理化性能以及耐候性能,溶剂型防火涂料这两方面的性能都优于水溶型防火涂料

第二节　涂饰施工辅助材料

一、溶剂【新手知识】

用来溶解油料、树脂、纤维素衍生物等成膜物质的挥发性液体称为溶剂。

溶剂兼有稀释的作用。溶剂是一种能挥发的液体,能溶解和稀释树脂、沥青、硝化纤维素及其他产品,改变它们的黏稠度,便于施工操作。

溶剂是液体漆的主要组成部分。主要包括:松节油、松香水、苯、甲苯、二甲苯、乙酸乙酯、乙酸丁酯、乙醇、丙酮、环己酮、苯乙烯、汽油、煤油等。

1. 溶剂的作用

溶剂作用如下:

(1)溶解并稀释漆料中的成膜物质,降低漆料的黏度,便于涂刷或喷、浸、淋等工艺施工。

(2)增加漆料贮存的稳定性,防止成膜物质发生胶结。同时,加入溶剂后会使桶内充满溶剂的蒸汽,可减少漆表面结皮。

(3)会使漆膜流平性良好,可避免漆膜太厚、过薄或涂刷性能不好而产生刷痕和起皱等弊病。

(4)溶剂加入漆中,可提高漆料对被涂物表面的润湿性和渗透性增强涂层的附着力。

(5)溶剂是挥发性的液体,只起溶解和稀释成膜物质的作用,在涂膜干结时,它挥发到空气中,不留存在涂膜中。

2. 溶剂的选用

选择溶剂时应注意以下几点:

(1)选择溶剂时要考虑到溶剂溶解成膜物质的能力,当溶剂加入后不应产生浑浊和沉淀的现象,要保持涂料透明和有一定的黏度。

(2)溶剂的颜色要浅淡,最好是无色透明的,杂质尽量少,否则会影响漆膜干燥后的颜色。

（3）在同类溶剂中应尽量选用毒性低的溶剂。若必须采用毒性大的溶剂，则应考虑能否采用混合溶剂，以降低毒性，并加强劳动保护。

（4）要考虑溶剂的挥发速度，是否适应漆膜的形成。挥发太快会影响漆膜流平；挥发太慢，则使漆膜流挂及干燥缓慢。

（5）同类型涂料的底漆和面漆应采用相同的溶剂。

（6）尽量选用闪点、着火点、自燃点较高的溶剂，而溶剂的腐蚀要小，化学稳定性要好。

（7）要选用价格比较便宜、来源广泛、容易供应的溶剂。

二、稀释剂【新手知识】

在涂料中不能单独溶解成膜物质，只是用来稀释现成成膜物质溶液的挥发液体，称为稀释剂。在涂料施工时，它常用来调节涂料黏度以及清洗施工工具设备。

各类漆所用稀释剂举例说明见表2-17。

表 2-17　各类漆所用稀释剂

种类	内　容
油基漆	一般采用200号溶剂汽油或松节油就可以，如漆中树脂含量高，或油含量低，就需要将两者以一定比例混合使用，或加点芳香烃溶剂
醇酸树脂漆	一般长油度的可用200号溶剂汽油，中油度的可用200号溶剂汽油和二甲苯按1∶1混合使用，短油度的可用二甲苯 （1）长油度醇酸树脂：典型的品种是用65％油度的干性油季成四醇酸树脂制成的磁漆。其特点是耐候性优良，宜用于作建筑物、大型钢结构的户外面漆。由于长油度醇酸树脂与其他成膜物质的混溶性较差，因此不能用来制备复合成膜物质为基础的涂料 （2）中油度醇酸树脂：由中油度干性油改性醇酸树脂制成的漆，干燥速度较快，保光耐候性好，使用极为广泛 （3）短油度醇酸树脂：这类漆的品种很少。由于短油度醇酸树脂与其他树脂的混溶性最好，所以主要是与其他树脂拼用，如与氨基树脂拼用制备烘漆，锤纹漆与过氯乙烯树脂拼用增加附着力。蓖麻油醇酸树脂在硝基漆中作增韧剂使用
氨基漆	一般用丁醇与二甲苯（或200号煤焦油溶剂）的混合溶液
沥青漆	多用200号煤焦油溶剂、200号溶剂汽油、二甲苯，在沥青漆中有时添加少量煤油以改善流动性；有时也添加一些丁醇

续表 2-17

种类	内　　容
硝基漆	硝基漆稀释剂又称香蕉水,因成分中含有乙酸戊酸的香味而得名。它们由酯、酮、醇和芳香烃类溶剂组成。此外,还有硝基无苯稀释剂,以轻质石油溶剂代替苯或甲苯为原料的一种硝基漆稀释剂。使用这种稀释剂后,可避免引起施工时苯中毒的缺点
过氯乙烯漆	用酯、酮及酯类等混合溶剂,但不能用醇类溶剂。采用价格便宜的甲醛酯(二乙氧基甲烷)和 120 号汽油来代替毒性大的纯苯,在硝基漆和过氯乙烯漆中应用
聚氨酯漆	用无水二甲苯、甲苯与酮或酯混合溶剂,但不能用带羟基的溶剂,如醇类、酸类等
环氧漆	系由环己酮、二甲苯等组成,专供环氧树脂涂料稀释用

三、催干剂【新手知识】

催干剂是一种能够促使漆膜干燥的物质。催干剂的加入量一般为漆重的 1%～3%,最高不超过 5%。催干剂只用于油基漆类、醇酸漆类、树脂漆之类的涂料中。

1. 催干剂的性能要求

优良的催干剂应具有以下要求:

(1)在常温下能均匀地扩散在清漆或磁漆中。

(2)使用量较少,便能达到催干的效能。

(3)颜色浅,调稀后不发生沉淀、浑浊和不加深白漆的颜色。

(4)贮存稳定性好,不易被颜料吸收和影响干性。

2. 常用催干剂种类

催干剂的种类见表 2-18。

表 2-18　催干剂的种类

种类	内　　容
金属氧化物及盐类	金属氧化物如二氧化锰、氧化铅(黄丹)、氧化锌等;盐类如乙酸铅、乙酸钴、氯化钴等。它们是使用最早的催干剂,以固体形式加到热的干性油中。在涂料干燥的最初阶段,油被氧化后,进一步与金属氧化物或盐反应,使金属进入到溶液中去,随即产生催干作用。这种催干剂活性低,使用不方便,除了某些土法熬熟油外,已较少使用

续表 2-18

种类	内　　容
亚油酸盐和松香酸盐	是用亚麻仁油或松香与金属氧化物或盐反应制成浓缩的亚油酸盐或松香酸盐,然后用 200 号溶剂汽油或松节油溶解而成。这类催干剂的特点是制造方法简便,成本较低;缺点是其分散性较差,尤其在贮存过程中,因为不饱和酸的氧化,丧失了在油和溶剂中的溶解性能而沉淀析出
环烷酸基（萘酸盐）	环烷酸是使用广泛的催干剂,它在贮存过程中性质稳定,溶液的黏度低,而且活性高,在各种涂料中的分散性能好,因而可用较少量的催干剂,而获得同样的干燥速率
液体催干剂——乙基己酸盐类	它的催干能力虽然不高,但可获得较浅的颜色,如与钴、锰催干剂共用,可得到一种浅色有效的混合催干剂

3. 各类催干剂的作用

各类催干剂的作用见表 2-19。

表 2-19　各类催干剂的作用

种类	作　　用
铅催干剂	主要促进聚合作用,促进漆膜表面和内层同时干燥,催干作用比较均匀,且能达到漆膜的深处。漆膜性能好、坚韧、耐水性良好,它的用量比较大,一般为含油量的 0.05%～2%;主要缺点是溶解性差,加入油内,容易发生混浊和沉淀。多与钴、锰等催干剂配合使用
钴催干剂	主要促进氧化反应,催干能力比较强,用量很少就能发挥作用,促使漆膜表面迅速干燥。如果单独使用或用量太多,就会产生漆膜表面干燥而底层不干甚至会引起皱皮等缺陷。因此其用量很小,且较少单独使用,一般最大用量为含油量的 0.13%,它常与铅、锰催干剂混合使用,一般用量为 0.03%
锌催干剂	锌催干剂是辅助催干剂,一般不能单独使用。它与钴催干剂同时使用,能避免皱皮,与铅催干剂同时使用可防止沉淀,一般用量为 0.15%
锰催干剂	它既能促进氧化,又能促进聚合,其催干作用介于钴、铅催干剂之间。白色涂料中不宜采用,它能使颜色变深,容易泛黄。单独用量为 0.12%,通常与其他催干剂混合使用
铁催干剂	多用于烘漆,增加漆膜硬度
钙催干剂	为辅助催干剂,其效果与锌催干剂差不多,单独用量为 0.09%

四、增韧剂【新手知识】

增韧剂又称增塑剂、软化剂等,是以液体状态存留于漆膜中的不挥发的有机物,是树脂漆类必不可少的一种辅助材料,用以增加漆膜的柔韧度,同时也提高漆膜的附着力。增韧剂一般用于不用油而单用树脂的涂料内。

常用的增韧剂及其特点见表 2-20。

表 2-20 常用的增韧剂及其特点

种类	特点
邻苯二甲酸二丁酯	具有良好的溶解硝酸纤维素的能力。在硝基漆中使用,能增加漆膜弹性;缺点是挥发太快
邻苯二甲酸二辛酯	增塑性很好,对漆膜提供良好的柔韧性、耐光性、耐水性,能延长漆膜的寿命
蓖麻油	主要用作硝基漆的增塑剂和颜料湿润剂
氯化石蜡	不被氧化,也不会燃烧,耐酸碱性和耐候性良好。用作多种树脂的增韧剂
磷酸酯	有良好的韧性、耐水性、耐久性、不易燃;缺点是耐色性不好,有毒

五、固化剂【新手知识】

固化剂又叫硬化剂,是能与成膜物质发生交联反应而使之干燥成膜的物质,它是决定甲基丙烯酸漆、不饱和聚酯漆、聚氨酯漆和氨基醇酸漆等干燥的重要辅助材料。

固化剂一般用于合成树脂制成的涂料和胶。不同的成膜树脂应选用不同的固化剂。

固化剂的用量要适宜,要按不同树脂所要求的用量加入。如果固化剂用量过多,漆膜或胶层固化快,易出现性脆、不耐老化的弊病;固化剂过少,漆膜或胶层固化慢。同时还要根据温度的高低等因素综合考虑。

目前,施工使用的固化剂主要限于双组分环氧树脂涂料和不饱和聚酯树脂涂料,其产品见表 2-21。

表 2-21　固化剂产品表

序号	型号（标准号）	名称	曾用名称及型号	组成	性能及用途
1	H-1（企标）	环氧漆固化剂	1#硬化剂,649固化剂	乙二胺溶解于乙醇溶液中	固化迅速、用量少,但毒性及腐蚀性较 H-2 环氧漆固化剂大。温度太高也不易施工。与胺固化环氧漆配套使用
2	H-2（企标）		环氧乙二胺加成物	环氧树脂与乙二胺的加成物,溶于二甲苯、环己酮	毒性小,配比较易掌握,温度较高也可施工。与胺固化环氧漆配套用
3	H-4（企标）		650聚酰胺固化剂	由二聚桐油酸与多乙烯多胺缩聚而成的化合物	与环氧树脂配制,可在室温下固化,黏结力强,柔韧性好,坚固耐磨,具有一定的耐化学腐蚀和绝缘性等性能,并可在湿度较大的情况下施工。作环氧固化漆及无溶剂环氧固化剂用。还适合黏合金属与非金属(铁、铝、玻璃、陶瓷、橡胶、木材、塑料等),并可浇注机械零件,电容密封,修补水泥缝。黏结玻璃布制成的玻璃钢为船壳、车厢防腐材料,不适宜黏结聚氯乙烯塑料类。用量可为环氧树脂的30%～100%

六、除油剂【新手知识】

除油有以下 3 种方法:

(1)碱液清除法。

碱液除油主要是借助碱的化学作用来清除钢材表面上的油脂。碱液除油配方及工艺条件,见表 2-22。

表 2-22　碱液出油配方及工艺条件

组　成	钢及铸铁件(g/L)		铝及其合金(g/L)
	一般油脂	大量油脂	
氢氧化钠	20～30	40～50	10～20

续表 2-22

组　成	钢及铸铁件(g/L)		铝及其合金(g/L)
	一般油脂	大量油脂	
碳酸钠	—	80～100	—
磷酸三钠	30～50	—	50～60
水玻璃	3～5	5～15	20～30

（2）乳化碱液清除法。

乳液除油是在碱液中加入了乳化剂，使清洗液具有碱的皂化作用，乳化碱液除油配方见表 2-23。

表 2-23　乳化碱液除油配方

组　成	配方（质量比）		
	浸渍法	喷射法	电解法
氢氧化钠	20	32	55
碳酸钠	18	15	8.5
三聚磷酸钠	20	20	10
无水偏硅酸钠	30	32	25
树脂酸钠	5	—	—
烷基芳基硫酸钠	5	—	1
烷基芳基聚醚醇	2	—	—
非离子型乙烯氧化物	—	1	0.5

（3）有机溶剂清除法。

用有机溶剂除去钢材表面的油污是利用有机溶剂对油脂的溶解作用。可以采用浸渍法或喷射法除油，有机溶剂除油配方及工艺条件，见表 2-24。

表 2-24　有机溶剂除油配方及工艺条件

组　成	质量比（%）
煤油	67.0
松节油	22.5
月桂酸	5.4
三乙醇胺	3.6
丁基溶纤剂	1.5

第三节　涂饰施工常用机具

一、手工工具【新手知识】

涂饰工程的主要手工工具是铲刀(清除旧涂膜及松散附着物)、刮铲(或称油灰铲,用于刮腻子填充基层孔隙及凹坑等)、钢刮板、牛角刮刀(涂刮板材表面腻子之用)、橡胶刮板、腻子或油灰刀、调料刀、斜面刮刀(刮除凹凸线脚旧涂膜,与脱漆剂或火焰烧除设备配合使用)、剁刀(铲除旧玻璃面油灰)、搅拌棒(搅拌漆)、金属刷(金属表面除锈及清扫基层沉积物)、尖镘(修补较大裂缝及孔隙)、滤漆筛(滤除漆涂料中的漆皮或脏物)、托板(托装填充料)、打磨块(木块、毡块或橡胶制品,用以固定砂纸,方便打磨)、提桶与涂料盘及各种油刷等,如图 2-1 所示。

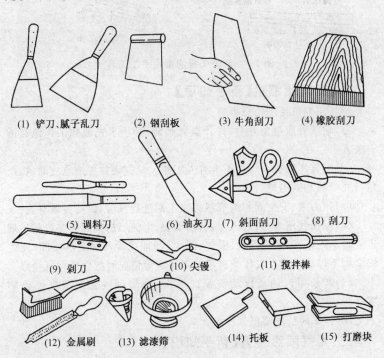

(1) 铲刀、腻子乱刀　　(2) 钢刮板　　(3) 牛角刮刀　　(4) 橡胶刮刀

(5) 调料刀　　(6) 油灰刀　(7) 斜面刮刀　　(8) 刮刀

(9) 剁刀　　　　(10) 尖镘　　　(11) 搅拌棒

(12) 金属刷　(13) 滤漆筛　　(14) 托板　　(15) 打磨块

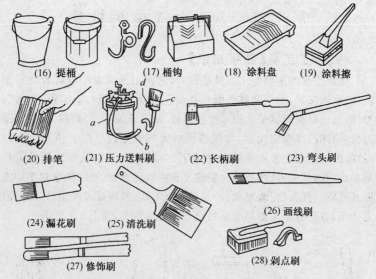

(16) 提桶　　　(17) 桶钩　　　(18) 涂料盘　　(19) 涂料擦

(20) 排笔　　(21) 压力送料刷　　(22) 长柄刷　　　(23) 弯头刷

(24) 漏花刷　　(25) 清洗刷　　　　　　　　(26) 画线刷

(27) 修饰刷　　　　　　　　　(28) 剁点刷

图 2-1　涂饰工程的常用手工工具

二、空气压缩机【新手知识】

空气压缩机使用注意事项：

（1）输气管应避免急弯，打开送风阀前，必须事先通知工作地点的有关人员。

（2）空气压缩机出口处不准有人工作。储气罐放置地点应通风，严禁日光曝晒和高温烘烤。

（3）压力表、安全阀和调节器等应定期进行校验，保持灵敏有效。

（4）发现气压表、机油压力表、温度表、电流表的指示值突然超过规定或指示不正常，发生漏水、漏气、漏电、漏油或冷却液突然中断，发生安全阀不停放气或空气压缩机声响不正常等情况时应立即停机检修。

（5）严禁用汽油或煤油洗刷曲轴箱、滤清器或其他空气通路的零件。

（6）停车时应先降低气压。

三、无气喷涂装置【新手知识】

无气喷涂装置，它主要由无气喷涂机、喷枪、高压输漆管等组成，如

图 2-2 所示。

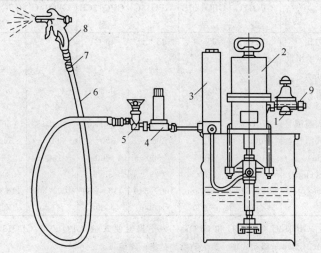

图 2-2　高压无气喷涂设备

1. 调压阀　2. 高压泵　3. 蓄压器　4. 过滤器　5. 截止阀门
6. 高压胶管　7. 旋转接头　8. 喷枪　9. 压缩空气入口

1. 无气喷涂机

无气喷涂机按动力源，可分为气动型、电动型和油压型 3 种类型，其特点见表 2-25。

表 2-25　无气喷涂机

类型	特　点
气动型无气喷涂机	最大的特点是安全，容易操作。在易燃的溶剂蒸汽环境中使用无任何危险，机械构造较为简单，因而使用期长。其缺点是动力消耗大和产生噪声
电动型无气喷涂机	特点是移动方便，不需要特殊的动力源，如空气压缩机等；电机不经常启动，可连接运转。缺点是不如气动型和油压型的喷涂机安全
油压型无气喷涂机	优点是动力利用率高，噪声低，安全，整机也容易维护。其缺点是需用的油压源，有可能混入涂料中影响喷涂质量

（1）常用几种气动无气喷涂机规格见表 2-26。

表 2-26   常用几种气动无气喷涂机规格

项　　目	GPQ12C 型	GPQ12CB 型	GPQ13C 型	GPQ13CB 型	GPQ14C 型	GPQ14CB 型
压力比	65∶1	65∶1	46∶1	46∶1	32∶1	32∶1
涂料喷出量 (L/min)	13	13	18	18	27	27
进气压力 (MPa)	0.3～ 0.6	0.3～ 0.6	0.3～ 0.6	0.3～ 0.6	0.3～ 0.6	0.3～ 0.6
最大喷嘴号	020B40	020B40	030B40	030B40	050B45	050B45
空气消耗量 (L/min)	300～ 1600	300～ 1600	300～ 600	300～ 600	300～ 1600	300～ 1600
重量(kg)	28.5	33	29	33.5	30	34.5
外形尺寸 (mm)	400×340 ×600	416×380 ×600	400×340 ×600	416×380 ×600	400×340 ×600	416×380 ×600

注：GPQ12C、GPQ13C 和 GPQ14C 为手提轻便式型，GPQ12CB、GPQ13CB 和 GPQ14CB 为小车移动式型。最大喷嘴号是指厂家编号。

（2）电动无气喷涂机规格：GPD-Y 普通型和 GPD-YB 防爆型，其功率为 1.1kW；最大吐出量为 2.8L/min；常用压力为 5～20MPa；电源为 50Hz380V；外形尺寸为 670mm×440mm×600mm；GPD-Y 型的质量为 63kg、CPD-YB 型的质量为 72kg。

2. 无气喷枪

无气喷枪，如图 2-3 所示。

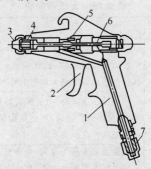

图 2-3   无气喷枪

1. 枪身 2. 扳机 3. 喷嘴 4. 过滤网 5. 衬垫 6. 顶针 7. 自由接头

根据用途的不同,无气喷枪分为手提式、长柄式和自动式三种。手提式无气喷枪由枪身、喷嘴、过滤网和连接件组成。

喷嘴一般是用耐磨性能好的硬质合金加工制造的,比较耐磨。喷嘴的型号,一般应根据涂料及所需的喷出量和喷幅宽度来选用。

对无气喷枪的选择,可考虑以下要求:

(1)密封性好,不泄漏高压涂料。

(2)枪机要灵活,喷出或切断漆流能瞬时完成。

(3)重量要轻。

3. 高压输漆管

高压输漆管也是无气喷涂装置的重要部件之一。一般对它要求耐高压(25MPa 以上)、耐磨、耐腐蚀和耐溶剂,轻便柔软。常用的品种有:内径为 6mm、8mm 和 10mm 的三种,其工作压力分别为 48MPa、48MPa 和 33MPa。一般每根长为 10m,可以用中间接头连接所需的长度。对喷涂常规涂料,输漆管可接长些,约 150m;对喷涂厚浆型涂料,输漆管可接短些,约 30m。

四、喷枪【新手知识】

1. 喷枪种类

喷枪的种类,一般按涂料供给方式划分,可分为吸上式、重力式和压送式 3 种,见表 2-27。

表 2-27　喷枪的种类

种类	特　点
吸上式喷枪	如图 2-4 和图 2-5 所示 吸上式喷枪漆罐置于喷枪下部,工作时依靠高速流动的压缩空气,在漆罐出口处与漆罐中形成压力差,把罐中的漆吸上来。涂料罐安装在喷枪的下方,靠环绕喷嘴四周喷出的气流,在喷嘴部位产生的低压而吸入涂料,并同时雾化 吸上式的优点是操作稳定性好,更换涂料方便,主要适用于小面积物体的喷涂。其缺点是:由于涂料罐小,使用过程中要不断地卸下加涂料

续表 2-27

种类	特 点
重力式喷枪	如图 2-6 所示 这种喷枪的涂料罐安装在喷枪的上方,涂料靠自身的重力流到喷嘴;并和空气流混合雾化而喷出。这种喷枪的优点是:贮漆罐的位置自由,涂料容易流出,使用方便。缺点是稳定性差,不易作仰面喷涂,使用过程中也要卸下涂料罐加料
压送式喷枪	如图 2-7 所示 喷枪从涂料增压箱供给,经过喷枪喷出。加大增压箱的压力,可同时供给几支喷枪喷涂。这类喷枪主要用于涂料量使用大的工业涂装

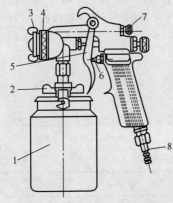

图 2-4 PQ-2 型吸上式喷枪

1. 漆罐 2. 螺钉 3. 空气喷嘴的旋钮

4. 螺帽 5. 扳机 6. 空气阀杆

7. 控制阀 8. 空气接头

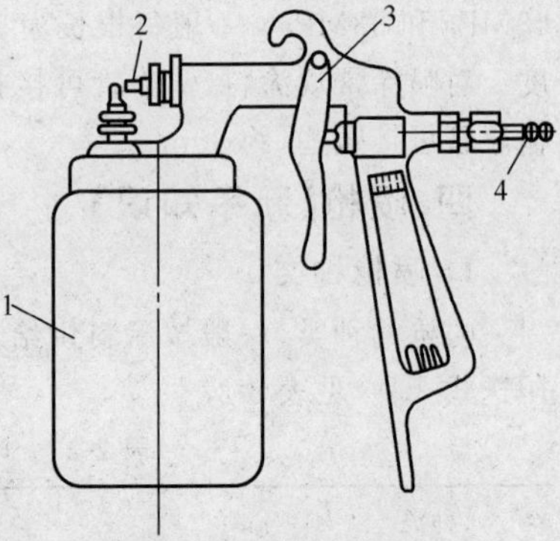

图 2-5 PQ-I 型喷枪

1. 漆罐 2. 空气喷嘴

3. 扳机 4. 空气接头

2. 常用的喷枪规格

(1)PQ-1 型对嘴式喷枪,为吸上式喷枪,结构较简单。一般工作压力为 0.28～0.35MPa,喷嘴口径为 2～3mm。适用于小面积物体的施工。

(2)PQ-2 型喷枪,亦称扁嘴喷枪,也属吸上式类型。工作压力为

0.3～0.5MPa,喷嘴口径为 1.8mm,喷涂有效距离为 250～260mm。喷涂时可用控制阀调节风量、漆雾的方向和形状。

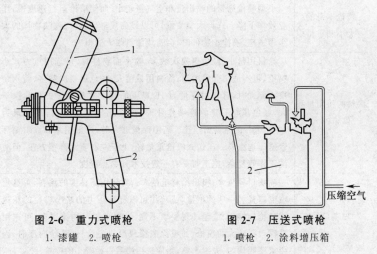

图 2-6 重力式喷枪
1. 漆罐 2. 喷枪

图 2-7 压送式喷枪
1. 喷枪 2. 涂料增压箱

PQ-1 型和 PQ-2 型喷枪的技术性能,见表 2-28。

表 2-28 PQ-1 型和 PQ-2 型喷枪的技术性能

项 目	PQ-1 型	PQ-2 型
工作压力(kPa)	275～343	392～491
喷枪嘴距喷涂面 25cm 时的喷涂面积(cm²)	3～8	13～14
喷嘴直径(mm)	0.2～4.5	1.8

(3)GH-4 型喷枪,也为吸上式类型。工作压力为 0.4～0.5MPa,喷嘴口径为 2～2.5mm,漆雾形状可调节。

(4)KP-10 型、KP-20 型和 KP-30 型喷枪,是三种不同方式供漆的喷枪:KP-10 为重力式、KP-20 为压送式、KP-30 为吸上式。这三种喷枪工作压力为 0.3～0.4MPa,喷嘴口径在 1.2～2.5mm 之间。

3. 选择喷枪

在选择喷枪时主要从 3 方面进行,见表 2-29。

表 2-29　选择喷抢的要求

要求	内　　容
喷枪本身的大小和重量	小型喷枪涂料的喷出量和空气量较小,而使喷枪运行速度慢,作业效率下降。选择大型喷枪,可以提高效率,但要与被喷物体的大小相适应;喷涂小物件时,会造成漆料很大的损失
涂料的使用量和供给方式	涂料用量小、颜色更换次数多,喷平面物件时,可选用重力式小喷枪,但不适用仰面喷涂;涂料用量稍大、颜色更换次数多,特别是喷涂侧面时,宜选用容量为 1L 以下的吸上式喷枪。如果喷涂量大、颜色基本不变的连续作业时,可选用压送式喷枪,用容量为 10～100L 的涂料增压箱。若喷涂量更大时,可采用泵和涂料循环管道压送涂料。压送式喷枪重量轻,上下左右喷涂都很方便,但清洗工作较复杂,施工时要有一定技术和熟练程度
喷嘴口径	喷嘴口径越大,喷出涂料量越大。对使用高黏度的涂料,可选用喷嘴口径大一些的喷枪,或选用可以提高压力的略小口径的压送式喷枪;对喷涂漆膜外观要求不高,又要求较厚的涂料时,可选用喷嘴口径较大的喷枪,如喷涂底漆或厚浆型涂料;喷涂面漆时,因要求漆膜均匀、光滑平整,则应选用喷嘴口径较小的喷枪

五、喷笔【新手知识】

喷笔供绘画、彩绘、着色、雕刻等,喷涂颜料或银浆等用,如图 2-8 所示,其规格见表 2-30。

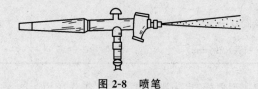

图 2-8　喷笔

表 2-30　喷笔的规格

型　号	罐容量(ml)	喷涂范围(mm)	
		有效距离	圆形直径
V-3	70	20～150	1～5
V-4	2	20～150	1～5

六、剥除设备【新手知识】

利用一定的热度使基层旧涂膜软化,进而将其铲除的处理方式,在涂饰工程中常会遇到,其设备主要有以下几种。

(1)石油液化气气炬分为瓶装型气炬、罐装型气炬和一次性气炬三种。瓶装型气炬即喷灯,是以石油气、丁烷或丙烷为气源的手提式轻型气炬,根据气嘴形状的不同可产生不同温度及火焰形式,每瓶气约使用2～4小时;罐装型气炬是利用软管连接燃烧嘴与丁烷或丙烷的大型罐,可同时安装两个气炬操作;一次性的气炬是将燃烧嘴安装在一个不能再行充气的气炬筒上,操作轻便灵活,但成本较高。

(2)管道供气气炬将手提式的气炬枪连接在天然气或煤气管道上,这种方式虽然气源方便,但往往会受到场地的限制。

(3)热吹风刮漆器热风由电热元件产生,温度最高可调节到600℃。其优点是无火焰,不致木质或玻璃等基层受到损伤,并确保操作时的消防安全。

(4)蒸汽剥除器系用一只贮水罐安装在密闭的燃烧器上,待水加热后转化为蒸汽,热气由软管输送到一个充满小孔的平板上,当平板对准墙面时,蒸汽即可喷向墙面,使旧涂膜、墙纸及黏结剂等变软易剥。

(5)火焰清除器其火焰温度可达3000℃以上,专用于烧除6mm以上厚度的钢板及铁件上的锈和氧化皮。通过火焰燃烧使金属表面呈浅灰色,清除金属上的干燥粉末,当金属温度约为38℃微热时可涂底漆,热度使底漆黏度降低,容易渗入表层而与金属表面牢固结合。

七、其他工具【新手知识】

(1)圆盘打磨器以电动机或空气压缩机带动柔性橡胶或合成材料制成的磨头,在磨头上固定砂纸可磨细木质面及涂饰面;换装羊毛绒布轮可用于抛光;换用金刚砂轮可打磨焊缝表面,如图2-9a所示。

(2)旋转钢丝刷是安装于电动或气动机上的杯形或盘形钢丝刷,用以清除旧基层疏松漆膜及金属表面除锈,如图2-9b所示。

(3)环行往复打磨器用电动或空气压缩机带动,由一矩形柔韧平底座组成,底座上安装砂纸,用以打磨木质、金属、塑料及涂膜表面。打磨时底座表面以一定的距离往复循环运动,运动频率因不同型号而异,一般约为6000～20000次/min,如图2-9c所示。

（4）皮带打磨机装有整卷带状砂纸，保持平面打磨运动，其效率高于环行打磨器，可用于研磨大面积木质表面。带状砂纸宽度为 75mm 或 100mm，长度为 610mm，另有大型砂纸用于打磨木质地面，如图 2-9d 所示。

（5）钢针除锈枪端头有许多由气动弹簧推动的钢针，开动时气流推动钢针不断向前冲击撞至动体表面弹回，如此连续工作每分钟约达 2400 次，而且每根钢针均能自行调节到适当的工作表面。其钢针有尖针型、扁錾型和平头型三种，用于金属表面的细部除锈，如图 2-9e 所示。

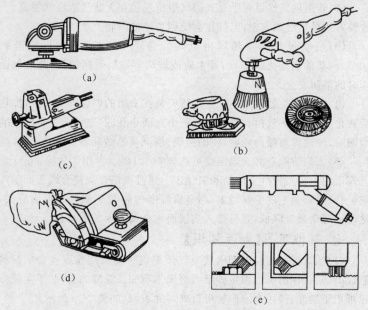

图 2-9　小型机械工具

（a）圆盘打磨器　（b）旋转钢丝刷　（c）环形往复打磨器

（d）皮带打磨机　（e）钢针除锈枪

（6）油漆刷的种类很多，按其形状可分为圆形、扁形和歪脖形三种。按其制作的材料又可分为硬毛刷和软毛刷。硬毛刷用猪鬃制成，软毛刷用狼毫或羊毛制成。

在金属结构的涂饰工作中,主要用扁油漆刷,如图 2-10 所示,其规格有:13mm、19mm、25mm、38mm、50mm、63mm、75mm、89mm、100mm、125mm、150mm 等。

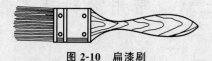

图 2-10　扁漆刷

(7)砂布用以清除金属结构表面的毛刺、飞边和锈斑,并使表面光滑。卷状砂布主要用于对金属工件或胶合板的机械磨削加工,粒度号小的用于粗磨,粒度号大的用于细磨,常用纱布规格见表 2-31。

表 2-31　常用纱布规格

形状代号及标号		页状干磨砂布 卷状干磨砂布
宽×长 /mm	页状	230×280
	卷状	(50、100、150、200、250、230、300、600、690、920)×(25000、50000)
磨料/结合剂		棕刚玉(代号 A)/动物胶、合成树脂
磨料粒度号 (括号内为习称号)		P8,P10,P12,P14,P16,P20,P24(4#),P30$\left(3\frac{1}{2}^{\#}\right)$,P36(3#),P40,P50$\left(2\frac{1}{2}^{\#}\right)$,P60(2#),P70,P80$\left(1\frac{1}{2}^{\#}\right)$,P100(1#),P120(0#),P150$\left(\frac{2^{\#}}{0}\right)$,P180$\left(\frac{3^{\#}}{0}\right)$,P220,P240$\left(\frac{4^{\#}}{0}\right)$,W63$\left(\frac{5^{\#}}{0}\right)$,W40$\left(\frac{6^{\#}}{0}\right)$

另外还需:高凳、脚手板、开刀、牛角刮、胶皮刮、腻子板、腻子槽、大小油桶、油勺、油提(200mL、500mL)、铜箩、纱箩、棕扫帚、棉纱、麻丝或竹丝等。

除锈工具还有:尖头锤、弯头刮刀、刮铲、扁铲、钢丝刷等。

第三章 常用涂料技术性能

第一节 建筑装修涂饰工程涂料

一、外墙无机建筑涂料【高手知识】

外墙无机建筑涂料以碱金属硅酸盐及硅溶胶为主要胶粘剂,采用刷涂、喷涂或滚涂的方法,在建筑物上形成薄质装饰涂层的外墙建筑涂料。

外墙无机建筑涂料的技术性能指标应符合表 3-1 的规定。

表 3-1 外墙无机建筑涂料的技术性能指标

序号	项 目		指 标	
1	涂料贮存稳定性	常温稳定性(23±2)℃	6 个月,可搅拌、无凝聚、生霉现象	
		热稳定性(50±2)℃	30d,无结块、凝聚、生霉现象	
		低温稳定性(-5±1)℃	3 次,无结块、凝聚、破乳现象	
2	涂料黏度(s)		ISO 杯 40~70	
3	涂料遮盖力(g/m²)		A	≤350
			B	≤320
4	涂料干燥时间/h		A	≤2
			B	≤1
5	涂层耐洗刷性		1000 次 不露底	
6	涂层耐水性		500h 无起泡、软化、剥落现象,无明显变化	
7	涂层耐碱性		300h 无起泡、软化、剥落现象,无明显变化	
8	涂层耐冻融循环性		10 次 无起泡、剥落、裂纹、粉化现象	
9	涂层黏结强度(MPa)		≥0.49	

续表 3-1

序号	项 目		指 标
10	涂层耐沾污性（%）	A	≤35
		B	≤25
11	涂层耐老化性	A	800h，无起泡、剥落；裂纹 0 级；粉化、变色 1 级
		B	800h，无起泡、剥落；裂纹 0 级；粉化、变色 1 级

二、合成树脂乳液外墙涂料【高手知识】

合成树脂乳液外墙涂料是以合成树脂乳液为基料，与颜料、体质颜料及各种助剂配制而成的，施涂后能形成表面平整的薄质涂层的外墙涂料。

合成树脂乳液外墙涂料产品应符合表 3-2 的技术要求。

表 3-2　合成树脂乳液外墙涂料产品技术要求

项 目	指 标		
	优等品	一等品	合格品
容器中状态	无硬块，搅拌后呈均匀状态		
施工性	刷涂二道无障碍		
低温稳定性	不变质		
干燥时间（表干）/h	≤2		
涂膜外观	正常		
对比率（白色和浅色①）	0.93	0.90	0.87
耐水性	96h 无异常		
耐碱性	48h 无异常		
耐洗刷性/次	≥2000	≥1000	≥500
耐人工气候老化性（白色和浅色①）	600h 不起泡、无裂纹	400h 不起泡、不剥落、无裂纹	250h 不起泡、不剥落、无裂纹
粉化/级	≤1		

续表 3-2

项　目	指　标		
	优等品	一等品	合格品
粉化/级	≤1		
变色/级	≤2		
其他色	商定		
耐沾污性(白色或浅色①)(%)	≤15	≤15	≤20
涂层耐温变性(5 次循环)	无异常		

①浅色是指以白色涂料为主要成分,添加适量色浆后配制成的浅色涂料形成的涂膜所呈现的浅颜色。

三、丙烯酸清漆【高手知识】

丙烯酸清漆适用于经阳极化处理的铝合金或其他金属表面的装饰与保护。

丙烯酸清漆产品应符合表 3-3 所列各项技术指标。

表 3-3　丙烯酸清漆技术指标

项　目		技　术　指　标	
		B01-1 丙烯酸清漆	B01-30 丙烯酸清漆
容器中状态		无色透明液体,无机械杂质,允许微带乳光	
原漆颜色(Fe-Co)/号		≤5	
漆膜颜色及外观		漆膜无色或微黄透明,平整、光亮	
柔韧性(mm)		≤2	
硬度(S)		≥80	
黏度(4 号杯)/s		≥20	
酸价(mgKOH/g)		—	≤0.2
固含量(%)		≥8	≥10
干燥时间	表干(min)	≤30	
	实干(h)	≤2	—
	烘干(80℃±2℃)/h	—	≤4
划格试验/级		≤2	≤1

续表 3-3

项　目	技　术　指　标	
	B01-1 丙烯酸清漆	B01-30 丙烯酸清漆
耐汽油性	浸 1h,取出 10min 后,不发软,不发黏不起泡	浸 3h,取出 10min 后,不发软,不发黏不起泡
耐水性	8h,不起泡,允许轻微失光	24h,不起泡,不脱落,允许轻微发白
耐热性	在 90℃±2℃ 下,烘 3h 后,漆膜不鼓泡,不起皱	—

四、弹性建筑涂料【高手知识】

弹性建筑涂料是以合成树脂乳液为基料,与颜料、填料及助剂配制而成,施涂一定厚度后,具有弥盖因基材伸缩产生细小裂纹的有弹性的功能性涂料。

弹性建筑涂料产品应符合表 3-4 规定的技术指标。

表 3-4　弹性建筑涂料技术指标

序号	项　目	技术指标	
		外墙	内墙
1	容器中状态	搅拌混合后无硬块;呈均匀状态	
2	施工性	施工无障碍	
3	涂膜外观	正常	
4	干燥时间(表干)/h	≤2	
5	对比率(白色或浅色①)	≥0.90	≥0.93
6	低温稳定性	不变质	
7	耐碱性(48h)	无异常	
8	耐水性(96h)	无异常	
9	耐洗刷性/次	≥2000	≥1000
10	耐人工老化性(白色或浅色①,400h)	不起泡、不剥落、无裂纹粉化≤1 级;变色≤2 级	
11	涂层耐温变性(5 次循环)	无异常	

续表 3-4

序号	项　　目		技术指标	
			外墙	内墙
12	耐沾污性(白色或浅色①,5次)		<30%	
13	拉伸强度(MPa)	标准状态下	≥1.0	≥1.0
14	断裂伸长率(%)	标准状态下	≥200	≥150
		−10℃	≥40	
		热处理	≥100	≥80

①浅色是指以白色涂料为主要成分,添加适量色浆后配制成的浅色涂料形成的涂膜所呈现的浅颜色。

注:根据 JGJ 75 的划分,在夏热冬暖地区使用,采用 0℃ 的断裂伸长率≥40%。

五、内外墙用底漆【高手知识】

内外墙用底漆中外墙用底漆分为 2 种:

(1) Ⅰ型用于抗泛碱性及抗盐析性要求较高的建筑外墙涂饰工程。

(2) Ⅱ型用于抗泛碱性及抗盐析性要求一般的建筑外墙涂饰工程。

内墙用底漆为 NDQ,外墙用底漆为 WDQ,内外墙用底漆的分类见表 3-5。

表 3-5　内外墙用底漆的分类

项　目　　分　类	内　墙	外　墙	
		Ⅰ型	Ⅱ型
容器中状态	无硬块,搅拌后呈均匀状态		
施工性	刷涂无障碍		
低温稳定性①	不变质		
涂膜外观	正常		
干燥时间(表干)/h	≤2		
耐水性	—	96h 无异常	
耐碱性	24h 无异常	48h 无异常	
附着力/级	≤2	≤1	≤2
透水性(mL)	≤0.5	≤0.3	≤0.5
抗泛碱性	48h 无异常	72h 无异常	48h 无异常

续表 3-5

分　类 项　目	内　墙	外　墙	
		Ⅰ 型	Ⅱ 型
抗盐析性	—	144h 无异常	72h 无异常
有害物质限量②	②	—	—
面涂适应性	商定		

①水性底漆测试此项内容。

②水性内墙底漆符合 GB 18582 技术要求；溶剂型内墙底漆符合 GB 50325 技术要求。

六、外墙外保温用环保型硅丙乳液复层涂料【高手知识】

外墙保温用环保型硅丙乳液复层涂料的技术要求符合表 3-6 的规定。

表 3-6　外墙保温用环保型硅丙乳液复层涂料的技术要求

项　目	指　标
外观	正常
硬度	≥HB
耐冲击性（cm）	50
耐水性	144h 无异常
耐碱性	48h 无异常
耐酸性	48h 无异常
耐洗刷性/次	≥6000
耐人工老化性	
白色和浅色①	1500h，不起泡、剥落，无裂纹
粉化/级	≤1
变色/级	≤2
失光/级	≤2
黏结强度（MPa）	≥0.6
耐沾污性（白色及浅色①）/%	≤10
涂层耐温变性（30 次循环）	无异常
有害物质限量	符合 HJ/T 201—2005 要求

①浅色是指以白色涂料为主要成分，添加适量色浆后配制成的浅色涂料形成的涂膜所呈现的浅颜色。

各组成涂料贮存时应保证通风、干燥,防止日光直接照射,冬季时应采取适当防冻措施,产品应定出贮存期,并在包装标志上明示。

第二节 防火、防腐涂料

一、氯化橡胶防腐涂料【高手知识】

适用于以氯化橡胶为漆基,加入其他合成树脂、颜料、溶剂等而制成的氯化橡胶底漆、中间层漆面漆防腐涂料。产品性能要求见表 3-7。

表 3-7 性能要求

项　目	指　标		
	底漆	中间层漆	面　漆
在容器中的状态	搅拌混合后,无硬块、呈均匀状态		
细度(μm)	≤60		≤40
施工性	刷涂无障碍		
干燥时间(实干)/h	≤6		
漆膜外观	漆膜外观正常		
与下道漆的配套性	对下道漆无不良影响		—
遮盖力①(g/m²)	—		≤185
层间附着力	无异常		
耐弯曲性(mm)	6		10
耐盐水性(168h)	无异常	—	
耐碱性	48h 无异常		
60°镜面光泽	—		≥70
固体含量②(%)	≥50		≥45
溶剂不溶物(%)	35 以上	45 以下	35 以下
溶剂可溶物中氯的定性	存在氯		

续表 3-7

项　目	指　标		
	底漆	中间层漆	面　漆
加速老化试验（300h）	—		不起泡、不剥落、不开裂、颜色和光泽以内组有轻微变化，白色和浅色粉化程度不大
耐候性②（24 个月）			不起泡、不剥落、不开裂、颜色和光泽以内组有轻微变化，白色和浅色粉化程度不大

①白色漆。

②过去生产的产品，若检验结果合格，则认为现在的产品也合格。

二、F53-34 锌黄酚醛防锈漆【高手知识】

该漆由松香改性酚醛树脂、多元醇松香酯、干性植物油、锌黄、氧化锌、体质颜料、催干剂、200 号油漆溶剂油调制而成。该漆具有良好的防锈性能，产品技术要求见表 3-8。

表 3-8　产品技术要求

项　目		指　标
漆膜颜色和外观		黄色、漆膜平整、允许略有刷痕
黏度（涂-黏度计）/s		≥70
细度（μm）		≤40
遮盖力（g/m²）		≤180
干燥时间（h）	表干	≤5
	实干	≤24
硬度		≥0.15
冲击强度（N·m）		490
耐盐水性（浸盐水中，168h）		不起泡、不生锈

三、F53-40 云铁酚醛防锈漆【高手知识】

该漆是由酚醛漆料与云母氧化铁等防锈颜料研磨后,加入催干剂及混合溶剂调制而成。该漆防锈性能好,干燥快,遮盖力、附着力强,无铅毒。适用于钢铁桥梁、铁塔、车辆、船舶、油罐等户外钢铁结构。F53-40 云铁酚醛防锈漆技术要求见表 3-9。

表 3-9　F53-40 云铁酚醛防锈漆技术要求

项　目		指　标
漆膜颜色和外观		红褐色,色调不定,允许略有刷痕
黏度(涂-黏度计)/s		70～100
细度(μm)		≤75
干燥时间(h)	表干	≤3
	实干	≤20
遮盖力(g/m²)		≤65
硬度		≥0.03
冲击强度(N·m)		490
柔韧性(mm)		1
附着力/级		1
耐盐水性(浸 120h)		不起泡,不生锈

四、S01-3 聚氨酯清漆(分装)【高手知识】

S01-3 聚氨酯清漆(分装)适用于金属保护、木器装饰的具有良好耐水、耐磨、耐腐蚀等特性的聚氨酯清漆。该漆湿热带气候下施工,以户内条件使用为宜。

该漆由蓖麻油醇酸树脂(组分 1)和甲苯二异氰酸酯三甲基丙烷加成物(组分 2)组成。

S01-3 聚氨酯清漆的产品技术指标见表 3-10。

表 3-10 S01-3 聚氨酯清漆技术指标

项 目		指 标
原漆外观和透明度		浅黄至棕色透明液体,无机械杂质
漆膜外观		平整光滑
固体含量(%)	组分 1	≥48
	组分 2	≥48
干燥时间(h)	表干	≤4
	实干	≤24
	烘干(120℃)	≤1
柔韧性(120℃烘干 1h)/mm		1
硬度(s)	自干	≥98
	烘干(120℃,1h)	≥126
耐水性(120℃烘干 1h,浸水 48h)		无变化
闪点(℃)		≥26

五、室内钢结构防火涂料【高手知识】

室内钢结构防火涂料技术性能见表 3-11。

表 3-11 室内钢结构防火涂料技术性能

项 目	指 标	
	薄涂型(膨胀型)	厚涂型(隔热型)
在容器中的状态	经搅拌后呈均匀液态或稠厚液体,无结块	
干燥时间(表干)/h	≤12	≤24
初期干燥抗裂性	一般不应出现裂纹,如有 1~3 条裂纹,其宽度不大于 0.5mm	一般不应出现裂纹,如有 1~3 条裂纹,其宽度应不大于 1mm
外观与颜色	外观与颜色同样品相比较,应无明显差别	—
黏结强度(MPa)	≥0.15	≥0.04
抗压强度(MPa)	—	≥0.3

续表 3-11

项　目		指　标							
		薄涂型(膨胀型)			厚涂型(隔热型)				
干密度(kg/m³)		—			≤500				
热导率[W/(m·K)]		—			≤0.116				
抗震性		挠曲 1/100,涂层不起层、不脱落							
抗弯性		挠曲 1/200,涂层不起层、不脱落							
耐水性(h)		≥24			≥24				
耐冻融循环/次		≥15			≥15				
耐火性能	涂层厚度(mm)	3.0	5.5	7.0	8	15	20	30	40	50
	耐火极限(h)	≥0.5	≥1.0	≥1.5	≥0.5	≥1.0	≥1.5	≥2.0	≥2.5	≥3.0

注:试验方法按国家标准《钢结构防火涂料》(GB 14907—2002)的规定。

六、预应力混凝土防火涂料【高手知识】

预应力混凝土防火涂料技术性能见表 3-12。

表 3-12　预应力混凝土防火涂料技术性能

项　目	指　标	
	膨胀型	隔热型
在容器中的状态	经搅拌后呈均匀液态或稠厚液体,无结块	
干燥时间(表干)/h	≤12	≤24
黏结强度(MPa)	≥0.15	≥0.04
干密度(kg/m³)	—	≤600
热导率[W/(m·K)]		≤0.116
耐水性	经 24h 试验后,涂层不开裂、不起层、不脱层,允许轻微发胀和变色	
耐碱性		

续表 3-12

项　目		指　　标			
		膨胀型		隔热型	
耐冷热循环/次		经 15 次试验后,涂层不开裂、不起层、不脱层、不变色			
耐火性能	涂层厚度(mm)	4.0	7.0	7.0	10.0
	耐火极限(h)	≥1.0	≥1.5	≥1.0	≥1.5

注:试验方法按行业标准《预应力混凝土防火涂料通用技术条件》的规定。

七、饰面型防火涂料【高手知识】

饰面型防火涂料的防火性能见表 3-13,理化性能见表 3-14。

表 3-13　饰面型防火涂料的防火性能

项　　目	指　　标		
	一级	二级	三级
耐燃时间(min)	≥30	≥20	≥10
火焰传播比值	0～25	26～50	51～75
失重(g)	≤5	≤10	≤15
耐火性、碳化体积(cm³)	≤25	≤50	≤75

注:试验方法按国家标准《饰面型防火涂料》(GB 12441－2005)的规定。

表 3-14　饰面型防火涂料的理化性能

项　目		指　　标
在容器中的状态		无结块,搅拌后呈均匀状态
细度(μm)		≤100
干燥时间/h	表干	≤4
	实干	≤24
附着力/级		≤3
柔韧性(mm)		≤3
耐冲击(N·cm)		≥196
耐水性(24h)		不起泡,不掉粉,允许轻微失光和变色
耐湿热性(48h)		不龟裂,不掉粉,允许轻微失光和变色

注:1. 试验方法按国家标准《饰面型防火涂料》(GB 12441－2005)的规定。

　2. 试验项目除按本规定外尚应根据产品的特性和预定的用途,按相应的国家标准或其他认可的方法做必要的补充试验。

八、UIN-301 超薄型钢结构防火涂料【高手知识】

1. UIN-301 超薄型钢结构防火涂料性能

UIN-301 超薄型钢结构防火涂料是一种具有良好装饰性能和遇火膨胀隔热性能的钢结构防火涂料,该涂料是以树脂为主要成膜物质,加入阻燃剂、发泡剂及优质颜填料和助剂加工而成的超薄型钢结构防火涂料。

UIN-301 超薄型钢结构防火涂料具有优良的黏结性、耐沾污性、耐水性、耐化学性及抗老化性,平时能起到防腐保护作用,一旦遇火受热,能迅速膨胀发泡,形成坚实的耐火隔热屏障,并以此来提高钢结构的耐火极限。

2. UIN-301 超薄型钢结构防火涂料用途

UIN-301 超薄型钢结构防火涂料不仅适用于建筑物及构筑物的承重钢构件防火保护,而且还可以用于石油、化工、冶金、电力、煤炭等行业的钢结构建筑中。

UIN-301 超薄型钢结构防火涂料还可用于室内各种管件需作为防火被覆层的保护涂料。

3. 主要技术性能指标

UIN-301 超薄型钢结构防火涂料主要技术性能指标如下:

(1)在容器中的状态:经搅拌后呈均匀液态或稠厚流体,无结块。

(2)外观与颜色:涂层干燥后,外观与颜色同样品相比,无明显差别。

(3)干燥时间(表干):≤6h。

(4)初期干燥抗裂性:无裂纹。

(5)附着力或内聚力:≥0.20MPa。

(6)抗震性:挠曲 L/75,涂层不起层、脱落。

(7)抗弯性:挠曲 L/150,涂层不起层、脱落。

(8)耐火性能:涂层厚度为 0.7mm 时,耐火极限为 30min;涂层厚度为 1.3mm 时,耐火极限为 60min;涂层厚度为 1.85mm 时,耐火极限为 90min;涂层厚度为 2.2mm 时,耐火极限为 120min。

第三节　防　水　涂　料

一、溶剂型再生橡胶沥青防水涂料【高手知识】

溶剂型再生橡胶沥青防水涂料，又名再生橡胶沥青防水涂料，JG-1橡胶沥青防水涂料。

1. 优缺点

溶剂型再生橡胶沥青防水涂料的优缺点，见表3-15。

表3-15　溶剂型再生橡胶沥青防水涂料的优缺点

优　　点	缺　　点
(1)能在各种复杂表面形成无接缝的防水膜，具有一定的柔韧性和耐久性	(1)一次涂刷成膜较薄，难形成厚涂膜
(2)涂料干燥固化迅速	(2)以汽油为溶剂，在生产、贮运和使用过程有燃爆危险
(3)能在常温下及较低温下冷施工	(3)施工时有汽油挥发，对环境有一定污染
(4)原料来源广泛，生产成本比溶剂型氯丁橡胶沥青防水涂料低	(4)延伸性等性能比溶剂型氯丁橡胶沥青防水涂料略低

2. 技术性能

溶剂型再生橡胶沥青防水涂料技术性能，见表3-16。

表3-16　溶剂型再生橡胶沥青防水涂料技术性能

项次	项　　目	性能指标
1	外观	黑色黏稠胶液
2	耐热性(80℃±2℃，垂直放置5h)	无变化
3	黏结力(20℃±2℃下，十字交叉法测抗拉强度)	$0.2\sim0.4N/mm^2$
4	低温柔韧性(−10℃～−28℃，绕 ϕ1mm及 ϕ10mm 轴棒弯曲)	无网纹、裂纹、剥落
5	不透水性(动水压 0.2MPa,2h)	不透水

续表 3-16

项次	项　目	性能指标
6	耐裂性（在 20℃±2℃下，涂膜厚 0.3～0.4mm，基层裂缝 0.2～0.4mm）	涂膜不裂
7	耐碱性（20℃在饱和氢氧化钙溶液中浸 20d）	无剥落、起泡、分层、起皱
8	耐酸性（在 1％硫酸溶液中浸 15d）	无剥落、起泡、斑点、分层、起皱

二、溶剂型氯丁橡胶沥青防水涂料【高手知识】

溶剂型氯丁橡胶沥青防水涂料，又名氯丁橡胶沥青防水涂料。氯丁橡胶沥青防水涂料是氯丁橡胶和石油沥青溶化于甲基（或二甲苯）而形成的一种混合胶体溶液，其主要成膜物质是氯丁橡胶和石油沥青。

1. 优缺点

溶剂型氯丁橡胶沥青防水涂料的优缺点，见表 3-17。

表 3-17　溶剂型氯丁橡胶沥青防水涂料的优缺点

优　点	缺　点
（1）延伸性好，抵抗基层变形能力很强，能适应多种复杂的表面，耐候性优良	（1）一次涂刷成膜较薄，难形成厚涂膜
（2）涂料成膜较快，涂膜较致密完整	（2）以苯类为溶剂，在生产、贮运过程有燃爆危险
（3）耐水性、耐腐蚀性优良	（3）施工时苯类溶剂挥发，对环境有一定污染
（4）能在常温下及较低温下冷施工	（4）氯丁橡胶来源有限，价格较贵，生产成本偏高

2. 技术性能

溶剂型氯丁橡胶沥青防水涂料技术性能见表 3-18 和表 3-19。

表 3-18　溶剂型氯丁橡胶沥青防水涂料技术性能（一）

项次	项　目	性能指标
1	外观	黑色黏稠胶液

续表 3-18

项次	项　目	性能指标
2	耐热性(80℃,5h)	无变化
3	黏结力	>0.25N(mm)
4	低温柔韧性(−40℃,1h,绕φ5mm 圆棒弯曲)	无裂纹
5	不透水性(动水压 0.2N/mm²,3h)	不透水
6	耐裂性(基层裂缝≤0.8mm)	涂膜不裂

表 3-19　溶剂型氯丁橡胶沥青防水涂料技术性能(二)

项次	项　目		抽样测试结果
1	外观		合格
2	固体含量(%)		35
3	延伸性(mm)	无处理	8.0
		处理后	—
4	柔韧性(−10℃)		无裂纹、断裂
5	耐热性(80℃,5h)		合格
6	黏结性(N/mm²)		0.44
7	不透水性(0.1N/mm²,30min)		合格
8	抗冻性		—

三、水乳型橡胶沥青类防水涂料【高手知识】

水乳型再生橡胶沥青防水涂料是由阴离子型再生胶乳和沥青乳液混合构成,是再生橡胶和石油沥青的微粒借助于阴离子型表面活性剂的作用,稳定分散在水中而形成的一种乳状液。

1. 优缺点

水乳型再生橡胶沥青防水涂料的优缺点,见表 3-20。

表 3-20　水乳型再生橡胶沥青防水涂料的优缺点

优　点	缺　点
(1)能在各种复杂表面形成无接缝的防水膜,具有一定的柔韧性和耐久性	(1)一次涂刷成膜较薄,要经过多次涂刷才能达到要求厚度

续表 3-20

优　点	缺　点
(2)以水作分散介质,具有无毒、无味、不燃的优点,安全可靠,可在常温下冷施工作业,不污染环境;操作简单,维修方便	(2)产品质量易受工厂生产条件影响,涂料成膜及贮存稳定性易出现波动
(3)可在稍潮湿而无积水的表面施工	(3)气温低于 5℃时不易施工
(4)原料来源广泛,价格较低	

2. 技术性能

水乳型再生橡胶沥青防水涂料的技术性能见表 3-21 和表 3-22。

表 3-21　水乳型再生橡胶沥青防水涂料的技术性能(一)

项次	项　　目	性能指标
1	外观	黏稠黑色胶液
2	含固量(%)	≥45
3	耐热性(80℃,5h)	$0.2\sim0.4N(mm^2)$
4	黏结力(8 字模法)	$\geq0.2N(mm^2)$
5	低温柔韧性(-10℃~-28℃,绕 ϕ1mm 及 ϕ10mm 轴棒弯曲)	无裂缝
6	不透水性(动水压 $0.1N/mm^2$,0.5h)	不透水
7	耐碱性(饱和氢氧化钙溶液中浸 15d)	表面无变化
8	耐裂性(基层裂缝 4mm)	涂膜不裂

表 3-22　水乳型再生橡胶沥青防水涂料的技术性能(二)

项次	项　　目		抽样测试结果
1	外观		合格
2	固体含量(%)		46
3	延伸性(mm)	无处理	4.6
		处理后	
4	柔韧性		-10℃无裂纹、断裂

续表 3-22

项次	项 目	抽样测试结果
5	耐热性(80℃,5h)	合格
6	黏结性(N/mm)	0.49
7	不透水性	合格
8	抗冻性	

四、水乳型氯丁橡胶沥青防水涂料【高手知识】

水乳型氯丁橡胶沥青防水涂料,又名氯丁胶乳沥青防水涂料。它兼有橡胶和沥青的双重优点,成本低,且具有无毒、无燃爆和施工时无环境污染等特点。

水乳型氯丁橡胶沥青防水涂料技术性能,见表 3-23 和表 3-24。

表 3-23 水乳型氯丁橡胶沥青防水涂料技术性能(一)

项次	项 目		性能指标
1	外观		深棕色胶状液
2	黏度/Pa·s		0.25
3	含固量		≥45%
4	耐热性(80℃,恒温 5h)		无变化
5	黏结力		≥0.2N(mm²)
6	低温柔韧性(动水压 0.1~0.2N/mm²,5h)		不断裂
7	不透水性(动水压 0.1~0.2N/mm²,0.5h)		不透水
8	耐碱性(饱和氢氧化钙溶液中浸 15d)		表面无变化
9	耐裂性(基层裂缝宽度≤2mm)		涂膜不裂
10	涂膜干燥时间(h)	表干	≤4
		实干	≤24

表 3-24 水乳型氯丁橡胶沥青防水涂料技术性能(二)

项次	项 目	抽样测试结果
1	外观	合格

续表 3-24

项次	项　目		抽样测试结果
2	固体含量(%)		46
3	延伸性(mm)	无处理	6
		处理后	—
4	柔韧性		−10℃无裂纹、断裂
5	耐热性(80℃,5h)		合格
6	黏结性(N/mm)		0.24
7	不透水性(动水压 0.1N/mm²,30min)		合格
8	抗冻性		—

五、聚氨酯防水涂料【高手知识】

聚氨酯防水涂料,又名聚氨酯涂膜防水材料,是一种化学反应型涂料,多以双组分形式使用。

1. 优缺点

水乳型再生橡胶沥青防水涂料的优缺点,见表 3-25。

表 3-25　水乳型再生橡胶沥青防水涂料的优缺点

优　点	缺　点
(1)固化前为无定形黏稠液态物质,在任何复杂的基层表面均易于施工,对端部收头容易处理,防水工程质量易于保证	(1)原材料为较昂贵的化工材料,故成本较高,售价较贵
(2)借化学反应成膜,几乎不含溶剂,体积收缩小,易做成较厚的涂膜,涂膜防水层无接缝,整体性强	(2)施工过程中难以使涂膜厚度做到像高分子防水卷材那样均匀一致。为使防水涂膜的厚度比较均一,必须要求防水基层有较好的平滑度,并要加强施工技术管理,严格执行施工操作规程
(3)冷施工作业,操作安全	(3)有一定的可燃性和毒性
(4)涂膜具有橡胶弹性,延伸性好,抗拉强度和抗撕裂强度均较高,对在一定范围内的基层裂缝有较强的适应性	(4)本涂料为双组分反应型,须在施工现场准确称量配合,搅拌均匀,不如其他单组分涂料使用方便
	(5)必须分层施工,上下覆盖,才能避免产生直通针眼、气孔

2. 技术性能

聚氨酯防水涂料技术性能，见表 3-26 和表 3-27。

表 3-26 聚氨酯防水涂料技术性能（一）

项次	项 目	性能指标
1	扯断强度	1.5～2.5N(mm²)
2	扯断延伸率	300%～400%
3	直角撕裂强度	50N(cm)左右
4	耐热性	80℃无流淌
5	耐低温性	−20℃不脆裂
6	黏结强度	0.8N(mm²)
7	不透水性	＞0.8N(mm²)
8	耐裂性(涂膜厚 1mm，使涂膜维持未裂的基层裂缝宽)	1.2mm
9	干燥时间	1～6h
10	密度	1.1

表 3-27 聚氨酯防水涂料技术性能（二）

项次	项 目		焦油聚氨酯类抽样测试结果	非焦油聚氨酯类(高弹性)抽样测试结果
1	拉伸强度（N/mm²）	无处理	1.69	2.92
		加热处理	无处理值的84%	120%
		紫外线处理	无处理值的82%	125%
		碱处理	无处理值的80%	98%
		酸处理	无处理值的83%	102%
2	断裂时的延伸率（%）	无处理	468	470
		加热处理	516	451
		紫外线处理	442	426
		碱处理	517	270
		酸处理	486	260

续表 3-27

项次	项　目		焦油聚氨酯类 抽样测试结果	非焦油聚氨酯类(高 弹性)抽样测试结果
3	加热伸缩 率(%)	无处理	0.9	0.8
		缩短	—	—
4	拉伸时老化	加热老化	无裂缝及变形	无裂缝及变形
		紫外线老化	无裂缝及变形	无裂缝及变形
5	低温柔性	无处理	$-30℃$ 无裂纹	$-30℃$ 无裂纹
		加热老化	$-25℃$ 无裂纹	$-25℃$ 无裂纹
		紫外线老化	$-25℃$ 无裂纹	$-25℃$ 无裂纹
		碱处理	$-25℃$ 无裂纹	$-25℃$ 无裂纹
		酸处理	$-25℃$ 无裂纹	$-25℃$ 无裂纹
6	不透水性(动水压 $0.30N/mm^2$, 30min)		不渗漏	不渗漏
7	固体含量(%)		96	98.2
8	适用时间(min)		>20(黏度 不大于 $10MPa \cdot s$)	>30
9	涂膜表干时间(h)		4(不粘手)	3.5
10	涂膜实干时间(h)		10(无黏着)	10

六、水泥基渗透结晶型防水涂料【高手知识】

1. 特点

(1)适宜在潮湿基面上施工,还能在渗水的情况下施工。

(2)能长期抗渗及耐受强水压,属无机材料不存在老化问题,与混凝土同寿命。

(3)具有超强的渗透能力、在混凝土内部渗透结晶,不易被破坏、具有超凡的自我修复能力,可修复小于 0.4mm 的裂缝。

(4)防止冻融循环、抑制碱骨料反应,防止化学腐蚀对混凝土结构的破坏,对钢筋起保护作用,但对混凝土无破坏膨胀作用。

(5)施工简单、速度快,节省工期、施工后不需做保护层,降低综合造价。

(6)无毒、无害环保型产品,耐温、耐湿、耐氧化、耐碳化、耐紫外线、耐辐射。

2. 用途

地下室、污水池、电梯井、挡水墙、仓库、核电厂、发电站、军工设施、厨厕间、水库、水坝、游泳池、水族馆、消防池、冷却塔、地铁、隧道、桥梁、市政、粮仓、船闸、港口码头、屋顶广场、停车场、人行通道、船坞沉箱、防化学物质侵蚀的混凝土结构等。

七、硅橡胶防水涂料【高手知识】

硅橡胶防水涂料是以硅橡胶乳液及其他乳液的复合物为主要基料,掺入无机填料及各种助剂配制成的乳液型防水涂料,具有防水性、渗透性、成膜性、弹性、黏结性和耐高低温性。

1. 优缺点

硅橡胶防水涂料的优缺点,见表 3-28。

表 3-28 硅橡胶防水涂料的优缺点

优　　点	缺　　点
(1)在任何复杂的表面均易于施工,形成抗渗性较高的连续防水膜	(1)原材料为较昂贵的化工材料,故成本较高,售价较贵
(2)以水作分散介质,具有无毒、无味、不燃的优点,安全可靠,可在常温下冷施工作业,不污染环境,操作简单,维修方便	(2)施工过程中难以使涂膜厚度做到像高分子防水卷材那样均匀一致。故必须要求基层有较好的平整度,并要加强施工技术管理,严格执行施工操作规程,方能达到高质量目标
(3)具有一定渗透性,形成的涂膜延伸率较高,可配成各种颜色,具有一定的装饰效果	(3)属水乳型涂料,固体含量比反应型涂料低,故要达到相同厚度时,单位面积涂料使用量较大
(4)可在稍潮湿而无积水的表面施工,成膜速度快	(4)必须分层多次涂刷,上下覆盖,才能避免产生直通针眼、气孔,气温低于 5℃不宜施工
(5)耐候性较好	

2. 主要技术性能

硅橡胶防水涂料是以水为分散介质的水乳型涂料,失水固化后形成网状结构的高聚物。其技术性能见表 3-29 和表 3-30。

表 3-29　硅橡胶防水涂料技术性能(一)

项　目	性　能　指　标
pH 值	8
固体含量	1 号
表干时间	<45min
黏度	1 号为 68s;2 号为 234s
抗渗性	迎水面 1.1~1.5N(mm^2)恒压一周无变化,背水面 0.3~0.5N(mm^2)
渗透性	可渗入基底 0.3mm 左右
抗裂性	4.5~6mm(涂膜厚 0.4~0.5mm)
延伸率	640%~1000%
低温柔性	−30℃冰冻 10d 后绕 ϕ3mm 棒不裂
扯断强度	2.2N(mm^2)
直角撕裂强度	81N(cm)
黏结强度	0.57N(mm^2)
耐热	(100±1)℃6h 不起鼓,不脱落
耐碱	饱和氢氧化钙和 0.1mol(L)氢氧化钠混合液室温 15℃浸泡 15d,不起鼓不脱落
耐湿热	在相对湿度>95%,温度(50±2)℃168h,不起鼓、起皱、无脱落,延伸率仍保持在 70%以上
吸水率	100℃,5h 空白 9.08%,试样 1.92%
回弹率	>85%
耐老化	人工老化 168h,不起鼓、起皱、无脱落,延伸率仍达到 530%以上

表 3-30　硅橡胶防水涂料技术性能(二)

项次	项　　目		抽样测试结果
1	拉伸强度(N/mm^2)	无处理	1.50
		加热处理	无处理值的 84%

续表 3-30

项次	项　目		抽样测试结果
1	拉伸强度(N/mm²)	紫外线处理	无处理值的 113%
		碱处理	无处理值的 125%
		酸处理	无处理值的 67%
2	断裂时的延伸率(%)	无处理	890
		加热处理	1006
		紫外线处理	680
		碱处理	481
		酸处理	425
3	加热伸缩率(%)	伸长	—
		缩短	—
4	拉伸时老化	加热老化	—
		紫外线老化	—
5	低温柔性		−30℃无裂纹
6	黏结强度(N/mm²)		0.49
	不透水性(动水压 0.30N/mm²,30min)		不渗漏
	固体含量(%)		58
	适用时间(min)		—
	涂膜表干时间(h)		3
	涂膜实干时间(h)		3

＊操作技能篇＊

第四章　油漆、涂料的调配

第一节　调配涂料颜色

一、调配涂料颜色原则和方法【新手技能】

1. 调配涂料颜色原则

调配涂料颜色原则主要包括三种：颜料与调制涂料相配套的原则、选用颜料的颜色组合正确、简练的原则、涂料配色由先主色、后副色、再次色，依序渐进、由浅入深的原则，其各自的内容见表 4-1。

表 4-1　调配涂料颜色原则

调配涂料颜色原则	内　　容
颜料与调制涂料相配套的原则	在涂刷材料配制色彩的过程中，所使用的颜料与配制的涂料性质必须相同，不起化学反应，才能保证色彩配制涂料的相容性、成色的稳定性和涂料的质量，否则，就配制不出符合要求的涂料
选用颜料的颜色组合正确、简练的原则	（1）对所需涂料颜色必须正确地分析，确认标准色板的色素构成，并且正确分析其主色、次色、辅色等 （2）选用的颜料品种简练。能用原色配成的不用间色，能用间色配成的不用复色，切忌撮药式的配色

续表 4-1

调配涂料颜色原则	内　　　容
涂料配色由先主色、后副色、再次色，依序渐进、由浅入深的原则	(1)调配某一色彩涂料的各种颜料的用量，先可作少量的试配，认真记录所配原涂料与加入各种颜料的比例 (2)所需的各色素最好进行等量的稀释，以便在调配过程中能充分地溶合 (3)要正确地判断所调制的涂料与样板色的成色差。一般讲油色宜浅一成，水色宜深三成左右 (4)单个工程所需的涂料按其用量最好一次配成，以免多次调配造成色差

2. 调配涂料颜色方法

(1)调配各色涂料颜色是按照涂料样板颜色来进行的。首先配小样，初步确定几种颜色参加配色，然后将这几种颜色分装在容器中，先称其质量，然后进行调配。调配完成后再称一次，两次称量之差即可求出参加各种颜色的用量及比例。这样，可作为配大样的依据。

(2)在配色过程中，以用量大、着色力小的颜色为主，再以着色力较强的颜色为辅，慢慢地间断地加入，并不断搅拌，随时观察颜色的变化。在试样时待所配涂料干燥后与样板色相比，观察其色差，以便及时调整。

(3)调配时不要急于求成，尤其是加入着色力强的颜色时切忌过量，否则，配出的颜色就不符合要求而造成浪费。

(4)由于颜色常有不同的色头，如要配正绿时，一般采用绿头的、黄头的蓝；配紫红色时，应采用带红头的蓝与带蓝头的、红头的黄。

(5)在调色时还应注意加入辅助材料对颜色的影响。

二、常用涂料颜色调配【新手技能】

(1)色浆颜料用量配合比例，见表 4-2。

表 4-2　色浆颜料用量配合比

序号	颜色名称	颜料名称	配合比(占白色原料%)	序号	颜色名称	颜料名称	配合比(占白色原料%)
1	米黄色	朱红 土黄	0.3～0.9 3～6	2	草绿色	砂绿 土黄	5～8 12～15

续表 4-2

序号	颜色名称	颜料名称	配合比（占白色原料%）	序号	颜色名称	颜料名称	配合比（占白色原料%）
3	蛋青色	砂绿 土黄 群青	8 5～7 0.5～1	4	浅蓝灰色	普蓝 墨汁	8～12 少许
				5	浅藕荷色	朱红 群青	4 2

（2）常用涂料颜色的调配比例，见表 4-3。

表 4-3　常用涂料颜色配合比

需调配的颜色名称	配合比/%		
	主色	副色	次色
粉红色	白色 95	红色 5	
赭黄色	中黄 60	铁红 40	
棕色	铁红 50	中黄 25、紫红 12.5	黑色 12.5
咖啡色	铁红 74	铁黄 20	黑色 6
奶油色	白色 95	黄色 5	
苹果绿色	白色 94.6	绿色 3.6	黄色 1.8
天蓝色	白色 91	蓝色 9	
浅天蓝色	白色 95	蓝色 5	
深蓝色	蓝色 35	白色 13	黑色 2
墨绿色	黄色 37	黑色 37、绿色 26	
草绿色	黄色 65	中黄 20	蓝色 15
湖绿色	白色 75	蓝色 10、柠檬黄 10	中黄 15
淡黄色	白色 60	黄色 40	
橘黄色	黄色 92	红色 7.5	淡蓝 0.5
紫红色	红色 95	蓝色 5	
肉色	白色 80	橘黄 17	中蓝 3
银灰色	白色 92.5	黑色 5.5	淡蓝 2
白色	白色 99.5		群青 0.5
象牙色	白色 99.5		淡黄 0.5

第二节 常用腻子调配

一、材料选用【新手技能】

调配腻子材料选用见表4-4。

表4-4 调配腻子材料选用

材料	特　点
填料	填料能使腻子具有稠度和填平性。一般化学性稳定的粉质材料都可选用为填料,如大白粉、滑石粉、石膏粉等
固结料	固结料是能把粉质材料结合在一起,并能干燥固结成有一定硬度的材料,如蛋清、动植物胶、油漆或油基涂料
黏结料	凡能增加腻子附着力和韧性的材料,都可作黏结料,如桐油(光油)、油漆、干性油等

二、调配方法【新手技能】

(1)调配腻子时,要注意体积比。为利于打磨一般要先用水浸透填料,减少填料的吸油量。配石膏腻子时,宜油、水交替加入,否则干后不易打磨。调配好的腻子要保管好,避免干结。

(2)常用腻子的调配、性能及用途见表4-5。

表4-5 常用腻子的调配、性能及用途

腻子种类	配比(体积比)及调制	性能及用途
石膏腻子	石膏粉:熟桐油:松香水:水＝10:7:1:6 先把熟桐油与松香水进行充分搅拌,加入石膏粉,并加水调和	质地坚韧,嵌批方便,易于打磨。适用于室内抹灰面、木门窗、木家具、钢门窗等
胶油腻子	石膏粉:老粉:熟桐油:纤维胶＝0.4:10:1:8	润滑性好,干燥后质地坚韧牢固,与抹灰面附着力好,易于打磨。适用于抹灰面上的水性和溶剂型涂料的涂层
水粉腻子	老粉:水:颜料＝1:1:适量	着色均匀,干燥块,操作简单。适用于木材面刷清漆

续表 4-5

腻子种类	配比(体积比)及调制	性能及用途
油粉腻子	老粉：熟桐油：松香水(或油漆)：颜料＝14.2：1：4.8：适量	质地牢,能显露木材纹理,干燥慢,木材面的棕眼需填孔着色
虫胶腻子	稀虫胶漆：老粉：颜料＝1：2：适量(根据木材颜色配定)	干燥快,质地坚硬,附着力好,易于着色。适用于木器油漆
内墙涂料腻子	石膏粉：滑石粉：内墙涂料＝2：2：10(体积比)	干燥快,易打磨。适用于内墙涂料面层

第三节　大白浆、石灰浆、虫胶漆的调配

一、大白浆的调配【新手技能】

调配大白浆的胶粘剂一般采用聚醋酸乙烯乳液、羧甲基纤维素胶,大白浆的调配主要技能包括两点。

(1)大白浆调配的重量配合比为:老粉：聚醋酸乙烯乳液：纤维素胶：水＝100：8：35：140。其中,纤维素胶需先进行配制,它的配制重量比约为:羟甲基纤维素：聚乙烯醇缩甲醛：水＝1：5：(10～15)。

(2)调配时,先将大白粉加水拌成糊状,再加入纤维素胶,边加入边搅拌。经充分拌和,成为较稠的糊状,再加入聚醋酸乙烯乳液。搅拌后用 80 目铜丝箩过滤即成。如需加色,可事先将颜料用水浸泡,在过滤前加入大白浆内。选用的颜料必须要有良好的耐碱性,如耐碱性较差,容易产生咬色、变色。当有色大白浆出现颜色不匀和胶花时,可加入少量的六偏磷酸钠分散剂搅拌均匀。

二、石灰浆的调配【新手技能】

石灰浆的调配主要技能包括两点:

（1）调配时，先将 70％ 的清水放入容器中，再将生石灰块放入，使其在水中消解。其重量配合比为：生石灰块：水＝1：6，待 24 小时生石灰块经充分吸水后才能搅拌，为了涂刷均匀，防止刷花，可往浆内加入微量墨汁；为了提高其黏度，可加 5％ 的 108 胶或约 2％ 的聚醋酸乙烯乳液；在较潮湿的环境条件下，可在生石灰块消解时加入 2％ 的熟桐油。如抹灰面太干燥，刷后附着力差，或冬天低温刷后易结冰，可在浆内加入 0.3％～0.5％ 的食盐。

（2）为了便于过滤，在配制石灰浆时，可多加些水，使石灰浆沉淀，使用时倒去上面部分清水，如太稠，还可加入适量的水稀释搅匀。

三、虫胶漆的调配【新手技能】

虫胶漆是用虫胶片加酒精调配而成的，它的调配主要技能包括以下两点。

（1）一般虫胶漆的重量配合比为：虫胶片：酒精＝1：4，也可根据施工工艺的不同确定需要的配合比：虫胶片：酒精＝1：（3～10）；用于揩涂的可配成虫胶片：酒精＝1：5；用于理平见光的可配成虫胶片：酒精＝1：（7～8）；当气温高、干燥时，酒精应适当多加些；当气温低、湿度大时，酒精应少加些，否则，涂层会出现返白。

（2）调配时，先将酒精放入容器（一般用陶瓷、塑料等器具），再将虫胶片按比例倒入酒精内，过 24 小时溶化后即成虫胶漆，也称虫胶清漆。为保证质量，虫胶漆必须随配随用。

第四节　着色剂的调配

一、水色调配【高手技能】

水色调配主要有两种：

（1）一种是以氧化铁颜料做原料，将颜料用开水泡开，使之全部溶解，然后加入适量的墨汁，搅拌成所需要的颜色，再加入皮胶水或血料水,经过滤即可使用。配合比大致是:水 60%～70%、皮胶水 10%～20%、氧化铁颜料 10%～20%。此种水色颜料易沉淀,所以在使用时应经常搅拌,才能使涂色一致。

(2)另一种是以染料做原料,染料能全部溶解于水,水温越高,越能溶解,所以要用开水浸泡后再在炉子上炖一下。一般使用的是酸性染料和碱性染料,有时为了调整颜色,还可加少许墨汁。水色配合比见表4-6。

表 4-6　水色的配合比

原料 ＼ 色相 质量配合比	柚木色	深柚木色	栗壳色	深红木色	古铜色
黄纳粉	4	3	13	—	5
黑纳粉				15	
墨汁	2		24	18	15
开水	94	92	63	67	80

水色的特点是:容易调配,使用方便,干燥迅速,色泽艳丽,透明度高。但在配制中应避免酸、碱两种性质的颜料同时使用,以防颜料产生中和反应,降低颜色的稳定性。

二、酒色调配【高手技能】

酒色,是在木材面清色透明活施涂时用于涂层的一种自行调配的着色剂。其作用介于铅油和清油之间,既可显露木纹,又可对涂层起着色作用,使木材面的色泽一致。调配时将碱性颜料或醇溶性染料溶解于酒精中,加入适量的虫胶清漆充分搅拌均匀,称为酒色。

(1)施涂酒色需要有较熟练的技术。首先要根据涂层色泽与样板的差距,调配酒色的色调,最好调配得淡一些。酒色的特点是酒精挥发快,酒色涂层因此干燥快。这样可缩短工期,提高工效。因施涂酒色干燥快,技能要求也较高,施涂酒色还能起封闭作用,目前在木器家具施涂硝基清漆时普遍应用酒色。

(2)酒色的配合比要按照样板的色泽灵活掌握。虫胶酒色的配合比例一般为碱性颜料或醇溶性染料浸于[虫胶:酒精=(0.1～0.2):

1]的溶液中,使其充分溶解拌匀即可。

三、油色调配【高手技能】

(1)油色所选用的颜料一般是氧化铁系列的,耐晒性好,不易褪色。油类一般常采用铅油或熟桐油,其参考配合比为:铅油∶熟桐油∶松香水∶清油∶催干剂＝7∶1.1∶8∶1∶0.6。

(2)油色的调配方法与铅油大致相同,但要细致。将全部用量的清油加2/3用量的松香水,调成混合稀释料,再根据颜色组合的主次,将主色铅油称量好,倒入少量稀释料充分拌和均匀,然后再加副色、次色铅油依次逐渐加到主色铅油中调拌均匀,直到配成要求的颜色,然后再把全部混合稀释料加入,搅拌后再将熟桐油、催干剂分别加入并搅拌均匀,用100目铜丝箩过滤,除去杂质,最后将剩下的松香水全部掺入铅油内,充分搅拌均匀,即为油色。

(3)油色一般用于中高档木家具,其色泽不及水色鲜明艳丽,且干燥缓慢,但在施工上比水色容易操作,因而适用于木制品件的大面积施工。油色使用的大多是氧化颜料,易沉淀,所以在施涂料中要经常搅拌,才能使施涂的颜色均匀一致。

第五章 油漆工操作技术

第一节 嵌 批

一、嵌批工具【新手技能】

嵌批工具的种类很多,常用的有铲刀(如图 5-1 所示),牛角翘(如图 5-2 所示),钢皮批板(如图 5-3 所示),橡皮批板(如图 5-3 所示),脚刀(如图 5-4 所示)。托板用于盛托各种腻子,可在托板上面调制、混合腻子,多用木材制成,亦有用金属、塑料或玻璃制成(如图 5-5 所示)等。

（a） （b） （c）

图 5-1 铲刀及其拿法

(a)铲刀 (b)清理木材面时的拿法 (c)调配腻子时的拿法

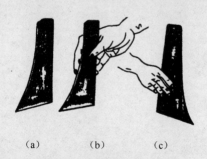

（a） （b） （c）

图 5-2 牛角翘及其拿法

(a)牛角翘 (b)嵌腻子时拿法 (c)批刮腻子时拿法

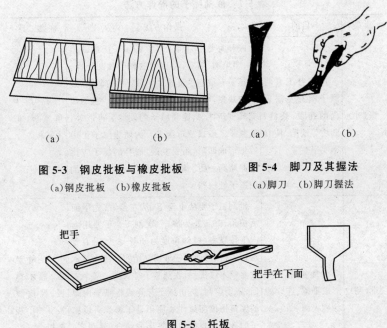

图 5-3 钢皮批板与橡皮批板

(a)钢皮批板 (b)橡皮批板

图 5-4 脚刀及其握法

(a)脚刀 (b)脚刀握法

图 5-5 托板

二、操作方法【新手技能】

基层经清除处理后,常会显示出洞眼、凹陷和裂缝等现象,需要用嵌、批腻子的方法将基层表面填平。嵌、批的要点是实、平、光,即做到密实牢固、平整光洁,为涂饰质量打好基础。

嵌、批工序要在涂刷底漆并待其干燥后进行,以防止腻子中的漆料被基层过多吸收而影响腻子的附着性。为避免腻子出现开裂和脱落,要尽量降低腻子的收缩率,一次填刮不要过厚,最好不超过 0.5mm。批刮速度宜快,特别是对于快干腻子,不应过多地往返批刮,否则易出现卷皮脱落或将腻子中的漆料挤出封住表面而难以干燥。应根据基层、面漆及各涂层材料的特点选择腻子,注意其配套性,以保持整个涂层物理与化学性能的一致性。嵌、批腻子的操作方法,见表 5-1。

表 5-1　嵌批腻子的操作方法

类型	目的	操作方法	嵌批工具
嵌（补）	用嵌补工具将腻子填补基层表面的孔眼、裂缝、凹坑等缺陷,使其密实平整	嵌补时要用力将工具上的腻子压进缺陷内,要填满、填实,将四周的腻子收刮干净,使腻子有痕迹尽量减少。对较大的洞眼、裂缝和缺损,可在拌好的腻子中加入少量的填充料重新拌匀,提高腻子的硬度后再嵌补。嵌腻子一般以三道为准。为防止腻子干燥收缩形成凹陷,还要复嵌,嵌补的腻子应比物面略高一些。嵌补用腻子一般要比批刮用腻子硬一些	嵌刀、牛角腻板、椴木腻板
批（刮）	为使被涂物面形成平整、连续的涂刷表面	批刮腻子要从上至下、从左至右,先平面后棱角,以高处为准,一次刮下。手要用力向下按腻板,倾斜角度为 $60°\sim80°$,用力要均匀,这样可使腻子饱满又结实。清水显木纹要顺木纹批刮,收刮腻子时只准一两个来回,不能多刮,防止腻子起卷或将腻子内部的漆料挤出面封住表面不易干燥。头道腻子的批刮主要把握与基层的结合,要刮实;第二道腻子要刮平,不得有气泡;最后一道腻子是要刮光及填平麻眼,为打磨工序创造有利条件	牛角腻板、椴木腻板、橡皮腻板、钢板腻板

第二节　打　磨

一、打磨作用

(1)于基材清除底材表面上毛刺,油污灰尘等;

(2)对于刮过腻子表面,一般表面较为粗糙,需要通过砂磨获得较平整表面,因此打磨可以降低工件表面粗糙度作用;

(3)增强涂层附着力。喷涂新漆膜之前一般需对实干后旧漆膜层进行打磨,因涂料过度平滑表面附着力差,打磨后可增强涂层机械附着力。

二、打磨方法

打磨方式分干磨与湿磨。

(1)干磨即是用砂纸或砂布及浮石等直接对物面进行研磨。

(2)湿磨是由于卫生防护的需要,以及为防止打磨时漆膜受热变软使漆尘粘附于磨粒间而有损研磨质量,将水砂纸或浮石蘸水(或润滑剂)进行打磨。硬质涂料或含铅涂料一般需采用湿磨方法。如果湿磨易吸水,基层或环境湿度大时,可用松香水与生亚麻油(3∶1)的混合物做润滑剂打磨。对于木质材料表面不易磨除的硬刺、木丝和木毛等,可采用稀释的虫胶漆[虫胶∶酒精＝1∶(7～8)]进行涂刷待干后再行打磨的方法;也可用湿布擦抹表面使木材毛刺吸水胀起干后再打磨的方法。

根据不同要求和打磨目的,分为基层打磨、层间打磨和面层打磨,见表5-2。

表5-2　不同阶段的打磨要求

打磨部位	打磨方式	要求及注意事项
基层打磨	干磨	用 $1\sim1\frac{1}{2}$ 号砂纸打磨。线角处要用对折砂纸的边角砂磨。边缘棱角要打磨光滑,去其锐角以利涂料的粘附。在纸面石膏板上打磨,不要使纸面起毛
层间打磨	干磨或湿磨	用0号砂纸、1号旧砂纸或280～320号水砂纸。木质面上的透明涂层应顺木纹方向直磨,遇有凹凸线角部位可适当运用直磨、横磨交叉进行的方法轻轻打磨
面漆打磨	湿磨	用400号以上水砂纸蘸清水或肥皂水打磨。磨至从正面看去是暗光,但从水平侧面看去如同镜面。此工序仅适用硬质涂层,打磨边缘、棱角、曲面时不可使用垫块,要轻磨并随时查看以免磨透、磨穿

第三节　涂饰技术

一、刷涂【新手技能】

刷涂法是用漆刷进行涂装施工的一种方法。刷涂法的特点是：工具简单、施工方便、容易掌握、适应性强、节省漆料和溶剂，并可用于多种涂料的施工。缺点是：劳动强度大、生产效率低、施工的质量在很大程度上取决于工人的操作技术，对于一些快干和分散性差的涂料不太适用。

底漆是直接喷刷在金属表面的涂料，要求其附着力强、防水和防锈蚀性能良好。黑色金属的表面一般喷刷红丹防锈漆、铁红防锈漆、红丹醇酸防锈漆等；有色金属一般选用锌黄防锈漆、磷化底漆、锌黄酚醛防锈漆等。一般要求底漆应喷刷两遍。面漆是涂在底漆外面的涂料，其作用是不让底漆暴露。因此，对面漆有耐光、耐气候和覆盖能力强等要求，如所处环境有酸类或碱性气体，面漆还能耐酸、耐碱。一般喷刷两遍以上。

1. 漆刷与适用的涂料

刷涂底漆、调和漆和磁漆时，应选用扁形或歪脖形、弹性大的硬毛刷；刷涂油性清漆时，应选用刷毛较薄、弹性较好的猪鬃刷或羊毛等混合制作的板刷和圆刷；刷涂树脂清漆或其他清漆时，应选用弹性好、刷毛前端柔软的软毛板刷或歪脖形刷。

2. 刷涂操作要点

刷涂时应注意以下基本操作要点：

（1）使用漆刷时，一般应采用直握方法，用手将漆刷握紧，主要以腕力进行操作漆刷。

（2）涂漆时，漆刷应蘸少许的涂料，刷毛浸入漆的部分，应为毛长的二分之一到三分之一。蘸漆后，要将漆刷在漆桶内的边上轻抹一下，除去多余的漆料，以防产生流坠或滴落。

（3）对干燥较慢的涂料，应按涂敷、抹平和修饰三道工序进行操作。

1）涂敷：就是将涂料大致地涂布在被涂物的表面上，使涂料分开。

2)抹平：就是用漆刷将涂料纵、横反复地抹平至均匀。

3)修饰：就是用漆刷按一定方向轻轻地涂刷，消除刷痕及堆积现象。

在进行涂敷和抹平时，应尽量使漆刷垂直，用漆刷的腹部刷涂。在进行修饰时，则应将漆刷放平些，用漆刷的前端轻轻地涂刷。

(4)对干燥较快的涂料，应从被涂物的一边按一定的顺序快速、连续地刷平和修饰，不宜反复刷涂。

(5)刷涂的顺序：一般应按自上而下，从左到右，先里后外，先斜后直，先难后易的原则，最后用漆刷轻轻地抹理边缘和棱角，使漆膜均匀、致密、光亮和平滑。

(6)刷涂的走向：刷涂垂直表面时，最后一道，应由上向下进行；刷涂水平表面时，最后一道应按光线照射的方向进行。

3. 刷漆

(1)涂第一遍漆。

1)分别选用带色铅油或带色调合漆、磁漆涂刷，但此遍漆应适当掺加配套的稀释剂或稀料，以达到盖底、不流淌、不显刷迹。冬季施工宜适当加些催干剂[铅油用铅锰催干剂，掺量为 $2\% \sim 5\%$；磁漆等可用钴催干剂，掺量一般小于 0.5%]。涂刷时厚度应一致，不要漏刷。

2)复补腻子：应将前数遍腻子干缩裂缝或残缺不足处，再用带色腻子局部补一次，复补腻子与第一遍漆色相同。

3)磨光：宜用 1 号以下细砂布打磨，用力应轻而匀，注意不要磨穿漆膜。

(2)刷第二遍漆。

1)如为普通漆，为最后一层面漆。应用原装漆（铅油或调合漆）涂刷，但不宜掺催干剂。

2)磨光：同第一遍漆。

3)潮布擦净：将干净潮布反复在已磨光的漆面上揩擦干净，注意擦布上的细小纤维不要被沾上。

4. 手工涂刷注意事项

(1)所用的漆牌号必须符合设计要求或施工验收规范的规定，并有产品出厂合格证。并在有效使用期内，没有变质。

（2）漆涂刷前,应检查管道或设备的表面处理是否符合要求。涂刷前,管道或设备表面必须彻底干燥。

（3）涂刷漆一般要求环境温度不能低于 5℃,相对湿度不大于85％,以免影响涂刷质量。

（4）薄钢板风管的防腐工作宜在风管制作前预先在钢板上涂刷防锈底漆,以提高涂刷的质量,减少漏涂现象,并且使风管咬口缝内均布漆,延长风管的使用寿命,而且下料后的多余边角料短期内不会锈蚀,能回收利用。

涂刷时,其涂刷方向和行程长短均应一致。如涂料干燥快,应勤沾短刷,接槎最好在分格缝处。涂刷层次,一般不少于两度,在前一度涂层表干后才能进行后一度涂刷。前后两次涂刷的相隔时间与施工现场的温度、湿度有密切关系,通常不少于 2～4h。

二、滚涂【新手技能】

滚涂操作应根据涂料的品种、要求的花饰确定辊子的种类,见表5-3。

表 5-3　滚涂工具与用途

工具名称	尺寸(min①)	用途说明
海绵滚涂器		
滚涂用涂料容器		
墙用滚刷器(海绵)	7,9	用于室内外墙壁涂饰
图样滚刷器(橡胶)	7	用于室内外墙壁涂饰
按压式滚刷器(塑料)	10	用于压平图样涂料尖端

①1in＝0.0254m。

施工时在辊子上蘸少量涂料后再在被滚涂墙面上轻缓平稳地来回滚动,直上直下,避免歪扭蛇行,以保证涂层厚度一致、色泽一致、质感一致。

三、喷涂【新手技能】

1. 准备工作

在室内风管表面上喷漆时,应事先将非喷涂部位用废纸等物件遮挡好,防止被污染。风管与喷枪应先清洗,经试喷正常后才能正式施工。

2. 喷漆调制

凡用于喷涂的涂料,使用时必须掺加相应的稀释剂或相应的稀料,掺量以能顺利喷出成雾状为准(一般为漆重的 1 倍左右)。应过 0.125mm 孔径筛清除杂质。一个工作物面层或一项工程上所用的喷漆量宜一次配够。

3. 喷涂施工操作要点

(1)喷距是指喷枪嘴与被喷物表面的距离,一般应控制在 300～380mm 为宜。

(2)喷幅宽度:较大的物件以 300～500mm 为宜,较小的物件以 100～300mm 为宜,一般以 300mm 左右为宜。

(3)喷枪与物面的喷射角度为 30°～80°。

(4)喷幅的搭接应为幅宽的 1/6～1/4,视喷幅的宽度而定。

(5)喷枪运行速度为 60～100cm/s。

4. 其他

(1)在喷涂施工中,涂料稠度、空气压力、喷射距离、喷枪运行中的角度和速度等方面均有一定的要求。

1)涂料稠度必须适中,太稠,不便施工;太稀,影响涂层厚度,且容易流淌。

2)空气压力在 0.4～0.8N/mm^2 之间选择确定,压力选得过低或过高,涂层质感差,涂料损耗多。

3)喷射距离一般为 40～60cm,喷嘴离被涂墙面过近,涂层厚薄难控制,易出现过厚或挂流等现象;喷嘴距离过远,则涂料损耗多。

4)喷枪运行中喷嘴中心线必须与墙面垂直,如图 5-6 所示。喷枪应与被涂墙面平行移动,如图 5-7 所示。运行速度要保持一致,运行过快,涂层较薄,色泽不均;运行过慢,涂料粘附太多,容易流淌。

(2)室内喷涂一般先喷顶后喷墙,两遍成活,间隔时间约 2h;外墙喷涂一般为两遍,较好的饰面为三遍。特殊部位喷涂时要注意喷枪的角度和与墙面的距离,如图 5-8 所示。罩面喷涂时,喷枪离脚手架 10～20cm 处,往下另行再喷。作业段分割线应设在水落管、接缝、雨罩等

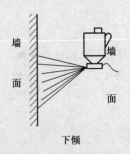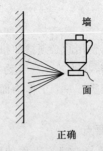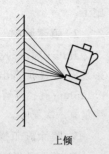

下倾	正确	上倾

图 5-6　喷涂示意图

处。喷枪移动路线如图 5-9 所示。

5. 施工注意事项

（1）喷涂装置使用前,应首先检查高压系统各固定螺母,以及管路接头是否拧紧,如松动,则应拧紧。

（2）涂料应经过滤后才能使用,否则容易堵塞喷嘴。

（3）在喷涂过程中不得将吸入管拿离涂料液面,以免吸空,造成漆膜流淌。而且涂料容器内的涂料不应太少,应经常注意加入涂料。

（4）发生喷嘴堵塞时,应关喷枪,将自锁挡片置于横向,取下喷嘴,先用刀片在喷嘴口切割数下(不得用刀尖凿),并用刷子在溶剂中清洗,然后再用压缩空气吹

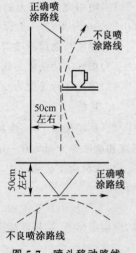

图 5-7　喷斗移动路线

通,或用木签捅通,不可用金属丝或铁钉捅喷嘴,以防损伤。

（5）在喷涂过程中,如果停机时间不长,可不排出机内涂料,把枪头置于溶剂中即可,但对于双组分涂料,则应排出机内涂料,并应清洗整机。

（6）喷涂结束后,将吸入管从涂料桶中提起,使泵空载运行,将泵内、过滤器、高压软管和喷枪内剩余涂料排出。然后用溶剂空载循环,

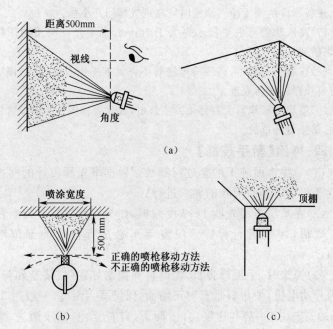

图 5-8 特殊部位喷涂示意

(a)喷涂阴角与表面时一面一面分开进行 (b)喷枪移动方法

(c)喷涂顶棚时尽量使喷枪与顶棚成一直角

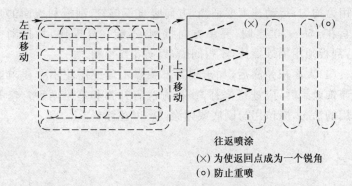

往返喷涂

(×) 为使返回点成为一个锐角

(○) 防止重喷

图 5-9 喷涂移动路线

将上述各器件清洗干净。清洗时应将进气阀门开小些。

（7）高压软管弯曲半径不得大于 50mm，也不允许将重物压在上面，以防损坏。

（8）在施工过程中，高压喷枪绝对不许对准操作者或他人，停喷时应将自锁挡片横向放置。

（9）喷涂过程涂料会自然地发生静电，因此要将机体和输漆管做好接地，防止意外事故。

四、弹涂【新手技能】

（1）彩弹饰面施工的全过程都必须根据事先所设计的样板上的色泽和涂层表面形状的要求进行。

（2）在基层表面先刷 1～2 度涂料，作为底色涂层。待底色涂层干燥后，才能进行弹涂。门窗等不必进行弹涂的部位应予遮挡。

（3）弹涂时，手提彩弹机，先调整和控制好浆门、浆量和弹棒，然后开动电机，使机口垂直对正墙面，保持适当距离（一般为 30～50cm），按一定手势和速度，自上而下，自右至左，循序渐进，要注意弹点密度均匀适当，上下左右接头不明显。对于压花型彩弹，在弹涂以后，应有一人进行批刮压花，弹涂到批刮压花之间的间歇时间，视施工现场的温度、湿度及花型等不同而定。压花操作要用力均匀，运动速度要适当，方向竖直不偏斜，刮板和墙面的角度宜在 15°～30°之间，要单方向批刮，不能往复操作，每批刮一次，刮板须用棉纱擦抹，不得间隔，以防花纹模糊。

（4）大面积弹涂后，如出现局部弹点不匀或压花不合要求影响装饰效果时，应进行修补，修补方法有补弹和笔绘两种。修补所用的涂料，应该用与刷底或弹涂同一颜色涂料。

第六章　建筑装修涂饰工程

第一节　基层处理

一、基层质量要求【新手技能】

基层质量要求主要体现为以下几点：

(1)基层应牢固、不开裂、不掉粉、不起砂、不空鼓、无剥离、无石灰爆裂点和无附着力不良的旧涂层等。

(2)基层应表面平整，立面垂直，阴阳角垂直、方正和无缺棱掉角，分割缝深浅一致且横平竖直。允许偏差应符合一定标准。

(3)基层应清洁，表面无灰尘、无浮浆、无油迹、无锈斑、无霉点、无盐类析出物和无青苔等杂物。

(4)基层应干燥，涂刷溶剂型涂料时，基层含水率不得大于8%；涂刷乳液型涂料时，基层含水率不得大于10%。

(5)基层的 pH 值不得大于 10。

(6)在基层上安装的金属件、各种钉件等，应进行防锈处理。

(7)在基层上的各种构件、预埋件，以及水暖、电气、空调等管线，均按设计要求安装就位。

二、处理方法【新手技能】

对各种材料基层出现的问题处理方法见表 6-1。

表 6-1　基层处理方法

基层分类	处　理　方　法
混凝土预制或现浇板基层	(1)对混凝土的施工缝等表面不平整、高低不平的凹凸部位，应使用掺入合成树脂乳液的水泥砂浆进行处理，做到表面平整，抹灰厚度均匀一致。每次抹灰厚度

续表 6-1

基层分类	处　理　方　法
混凝土预制或现浇板基层	9mm，最厚不超过 25mm，养护 3～4d，确认无空鼓现象，方可进行下道工序。微小裂缝用封闭材料或涂膜防水材料沿裂缝搓涂，也可用低黏度的环氧树脂或水泥浆进行压力灌浆压入裂缝中 (2)气泡砂孔也应使用掺入合成树脂乳液的水泥砂浆将直径大于 3mm 的气孔全部嵌填，小于 3mm 的气孔用同样的水泥砂浆进行处理 (3)脆弱部分用磨光机或钢丝刷等将其除掉，然后用掺入合成树脂乳液的水泥砂浆进行修补 (4)接缝错位用磨光打磨机将凸出部位剔凿除掉，使用掺入合成树脂乳液的水泥砂浆修补，并与周围结合平整。缺损部位也用同样砂浆修补
加气混凝土板基层	先涂刷树脂乳液基层封闭剂，其作用是增加基层强度，提高与聚合物水泥砂浆的黏结强度，防止基层吸收聚合物水泥砂浆中的水分。干后，在其上抹树脂乳液类聚合物水泥砂浆，注意做到接缝部位平整，不能有空鼓现象，厚度大约 10mm。然后，在上面再抹普通水泥砂浆，防止空鼓与裂缝
水泥砂浆基层处理	(1)当水泥砂浆面层有空鼓现象时，应铲除，用聚合物水泥砂浆修补 (2)水泥砂浆面层有孔眼时，应用水泥素浆修补。也可从剥离的界面注入环氧树脂胶黏剂 (3)水泥砂浆面层凸凹不平时，应用磨光机研磨平整
石膏板、水泥石棉板等基层	石膏板不适宜做接触水分和温度较大部分的基层。石膏板接缝下可做成 V 形缝，在 V 形缝中露出石膏部分用中性树脂乳液封底，再在缝中嵌填专用有弹性、中性的合成树脂乳液腻子，并抹压平整。对安装板材的钉子及木螺丝的部位，应涂防锈漆后再补合成树脂乳液腻子，固化后用砂纸打平

续表 6-1

基层分类	处 理 方 法
水泥刨花板基层	水泥刨花板等基层处理对板材缺损部位及缺棱掉角部位用掺入合成树脂乳液的水泥浆补平或再用其材料进行打底及抹灰处理
硅酸钙板基层	处理因表面较脆弱或不平整的部位时，必须先用封闭型溶液封底，然后再用其乳液型腻子打底，用磨光机使整个饰面平整

三、基层处理工序【新手技能】

基层处理工序主要包括：清除、嵌批和打磨。清除方式分为4种，见表 6-2。清除的做法见表 6-3～表 6-5。嵌批、打磨同第五章一、二节。

表 6-2　清除方式

清除方式	内　　容
手工清除	使用铲刀、刮刀、剁刀及金属刷具等，对木质面、金属面、抹灰基层上的毛刺、飞边、凸缘、旧涂层及氧化铁皮等进行清理去除
机械清除	采用动力钢丝刷、除锈枪、蒸汽剥除器、喷砂及喷水等机械清除方式，其做法见表 6-3
化学清除	当基层表面的油脂污垢、锈蚀和旧涂膜等较为坚实牢固时，可采用化学清除的处理方法与打磨工序配合进行，常用做法见表 6-4
热清除	利用石油液化气炬、热吹风刮除器及火焰清除器等设备，清除金属基表面的锈蚀、氧化皮及木质基层表面的旧涂膜，其做法和特点见表 6-5

表 6-3　基层的机械清除做法

种类	操 作 方 法	适 用 范 围 及 特 点
动力钢丝刷清除	有杯型和圆盘形两种钢丝刷，一般用手提砂轮机、手电钻、软轴机带动。杯型钢丝刷适用于打磨平面，圆盘形用于凹槽部位，在易爆环境中须用铜丝刷。使用时应穿戴防护装置	清除金属、混凝土面上的锈蚀、漆膜等，可增加清除面的粗糙度，对氧化皮清除效果不理想。转速过度时产生的热量会使金属细小颗粒熔化加速锈蚀作用

续表 6-3

种类	操 作 方 法	适用范围及特点
除锈枪清除	枪头由多根钢针组成，由气动弹簧推动，有三种类型：尖针型的可清除较厚的铁锈或氧化皮，但处理后的表面粗糙。扁錾型的对材料表面损害较小，仅留有轻微痕迹。平头型不留痕迹，可处理较薄的金属面，也可用于混凝土和石材制品表面	用来清除螺栓、螺帽、铁制装饰件等不便于清除的圆角、凹面部位，在大面积上使用时效率低，不经济。也可用来清理石制品
蒸汽剥除器清除	利用从喷头喷出的高压或低压蒸汽的渗透作用，进行清除。清除时将喷头按在清除面上放置几秒钟，待壁纸或涂层变软，即可用铲刀铲除，如清除油污面，加入清洗剂后，蒸汽可将表面的污垢吹洗干净	可清除壁纸、水浆涂层或各种污垢，除具有方便迅速，不易损伤基层的优点外，还具有消毒灭菌作用
喷砂清除	这是一种从砖石面或金属面上清除旧漆膜或锈蚀最有效、但也是最麻烦的方法。它利用压缩空气将各种磨料以高速度喷射到要清理的面上，利用磨料的撞击力将面层撞击成粉末而达到清洁目的。磨料种类很多，有天然砂、火遂石、铸铁、铸钢、矿渣、碳化硅(合金砂)、氧化铝等，规格一般为 16～40 筛目	可清除钢铁表面的锈蚀和氧化皮，以及石灰、混凝土和合金材料的表面。常用于要求较高的大面积金属面上。喷砂清除后在 4h 内涂饰；在海洋或污染严重的环境下应立即涂饰，否则会对涂层的性能有所影响
喷水清除	一般要用高压水龙头冲洗，水流压力可达 4MPa，操作时要穿戴护目镜和防护服。清除时从房檐下开始以 2～2.5m 的宽度向下冲洗。喷嘴要平稳缓慢地向下移动，与墙面保持 20cm 左右的距离。冲洗干裂脱皮的漆膜时要从各个方向冲洗；喷嘴距墙 15cm，冲洗角度为 45°	用在无法使用喷砂清理的室外墙面，适宜清除松散的锈蚀、漆膜、脏物或腐蚀性灰尘，对金属面的氧化铁皮效果不佳，并会促进锈蚀的产生

表 6-4　基层的化学清除做法

种类	使用方法	适用范围及特点
溶剂或去油剂清除法	一般采用松香水（200 号溶剂汽油），清除前先将基层用钢丝刷清除一遍，然后用浸满溶剂或去油剂的抹布或刷子擦洗表面，最后用清水漂洗几遍。低燃点、有毒或散发出有害烟雾的溶剂应避免使用	清除各类基层表面的脏物
碱溶液清除	常用的碱溶液有磷酸三钠溶液、火碱溶液，如加入其他成分还可以起防霉作用。碱溶液清除一般在高温下使用（90℃左右）。清洗时先用旧油刷在表面涂一层碱液，浸渍几分钟，当油渍、污垢变软后，用清水冲洗，然后用水砂纸、浮石或钠丝绒打磨。打磨后经再次冲洗干燥后即可涂刷 要在碱溶液未干前洗掉，以免遗留在表面或侵蚀到木质内部，使后续涂层出现局部皂化或褪色，漂洗最好用有一定压力地对地导弹的热水冲洗	碱溶液清洗多用在钢铁面上清除油脂、污垢，对易吸收性的基层不宜采用，特别是涂刷清漆的木质面，它会使木质颜色加深。由于腐蚀的原因，禁止在铝面或不锈钢面上使用
酸洗清除	酸洗清除常用在钢铁、砖石、混凝土面上，酸洗液是由磷酸（钢铁面用）或盐酸（砖石、混凝土面用）与少量溶剂、洗涤液及湿润剂组成。钢铁面采用酸洗不仅可清除轻微锈蚀，还能对表面产生轻微腐蚀，提高涂层的附着力。酸洗常用的方法有刷洗、擦洗、热侵和喷洗。无论何种方法酸洗后都应用清水漂洗	用于清除钢铁面上的轻微锈蚀和砖石混凝土面上各类油迹污垢
脱漆剂清除	脱漆剂有酸碱溶液型和有机溶剂型两类。将脱漆剂涂刷在旧漆膜上，约半小时后待旧漆膜膨胀起皮时即可将漆刮去，然后清洗掉污物及残留蜡质。脱漆剂不能和其他溶剂混合使用，要注意通风防火	清除各类基层表面的漆膜和污物

表 6-5　基层热清除做法

种　类		操　作　方　法	适用范围及特点
火焰清除	金属面	利用气炬将金属表面烧至浅灰色时,用钢丝刷清除表面干燥的锈蚀。经过 30～40min 的冷却,至金属表面微热时(38℃左右)即可涂刷底漆,热度会使底漆的黏度降低,更好地渗进表面,使底漆与金属结合更牢	用来清除钢铁面上的锈蚀、氧化铁皮和木质面上的旧漆膜。不适宜清除薄铁皮上的旧涂层及易燃烧的厚沥青涂层。火焰清除过的基层不宜涂刷环氧树脂漆、双组分聚氨酯漆
	木质面	为防止基层的损伤或烧焦,须注意掌握火焰和铲刀移动的一致性,要让铲刀支配火焰的移动速度。操作时左手拿火炬,右手拿铲刀,铲刀要紧随火焰移动,将铲刀插在漆膜下面,不断铲去被烤得变厚的漆膜 操作时的注意事项如下: (1)为避免损伤基层,铲刀不要过于锋利,与基层的夹角不要大于 30°,要顺木纹移动铲刀 (2)清除立面时要由底部向上清理,以便上升的热气能对上部表面预先加温。火焰要不断以均匀的速度移动,不要将某一部位烧焦 (3)加热时的漆膜要及时清除,因为冷却后要比未处理前更不易清除 (4)涂刷时间较久的旧漆膜,烧除时会变得又软又黏不易清除,还会弄脏基层。为此可先刷一层稠石灰浆,待其干后再用火焰清除 (5)铲除后的基层为避免吸收潮气应尽快涂饰,最好当日施涂	
电加热清除	木质面	将电刮除器接通电源,放到要清除的部位,当漆膜变软后用铲刀铲除,有的电刮除器本身就带有刮刀。电加热清除使用简便、安全、不易损伤污染基层,但速度慢,效率低,不适宜大面积采用	适用于对基层清洁度要求较高的小面积上清除

四、对基层的检查、清理和修补【高手技能】

1. 对基层的检查

检查的内容包括基层表面的平整度及裂缝、麻面、气孔、脱壳、分离等现象;粉化、翻沫、硬化不良、脆弱,以及沾污脱模剂、油类物质等;检测基层的含水率和 pH 值等。

2. 对基层的清理

清理基层的目的在于去除基层表面的粘附物,使基层洁净,以利于涂料与基层的牢固黏结。常见的清理方法,见表 6-6。

表 6-6　常见基层表面粘附物的清理方法

序号	粘附物	清理方法
1	硬化不良或分离脱壳	全部铲除脱壳分离部分,并用钢丝刷除去浮渣
2	粉末状粘附物	用毛刷、扫帚及电吸尘器清理去除
3	电焊喷溅物、砂浆溅物	用刮刀、钢丝刷及打磨机去除
4	油脂、脱模剂、密封胶等粘附物	有机溶剂或化学洗涤剂清除
5	锈斑	用化学除锈剂清除
6	霉斑	用化学去霉剂清洗
7	表面泛白	用钢丝刷、除尘机清除

3. 对基层缺陷的修补

在清理基层后,应及时对其缺陷进行修补。常见基层缺陷及其修补方法,见表 6-7。

表 6-7　基层缺陷的常用修补方法

序号	基层缺陷	修补方法
1	混凝土施工缝等造成的表面不平整	清扫混凝土表面,用聚合物水泥砂浆分层抹平,每遍厚度不大于 9mm,总厚度 25mm,表面用木抹子搓平,养护
2	混凝土尺寸不准或设计变更等原因造成的找平层厚度增加过大	在混凝土表面固定焊敷金属网,将找平层砂浆抹在金属网上
3	水泥砂浆基层空鼓分离而不能铲除者	用电钻钻孔($\phi 5 \sim 10mm$),采用不致使砂浆层分离扩大的压力,将低黏度环氧树脂注入分离空隙内,使之固结。表面裂缝用合成树脂或聚合物水泥腻子嵌平并打磨平整

续表 6-7

序号	基层缺陷	修 补 方 法
4	基层表面较大裂缝	将裂缝切成 V 形,填充防水密封材料,表面裂缝用合成树脂或聚合物水泥砂浆腻子嵌平并打磨平整
5	细小裂缝	用基底封闭材料或防水腻子沿裂缝嵌平并打磨平整;预制混凝土板小裂缝可用低黏度环氧树脂或聚合物水泥砂浆进行压力灌浆压入缝中,表面打磨平整
6	气泡砂孔	孔眼 ϕ3mm 以上者用树脂砂浆或聚合物水泥砂浆嵌填;ϕ3mm 以下者可用同种涂料腻子批嵌,表面打磨平整
7	表面凹凸	凸出部分用磨光机研磨,凹入部分填充树脂或聚合物水泥砂浆,硬化后再行打磨平整
8	表面麻点过大	用同饰面涂料相同的涂料腻子分次刮抹平整
9	基层露出钢筋	清除铁锈做防锈处理;或将混凝土做少量剔凿,对钢筋做防锈处理后用聚合物水泥砂浆补抹平整

五、对基层的复查【高手技能】

1. 外墙基层

外墙基层检查内容见表 6-8。

表 6-8　外墙基层检查内容

内 容	特 点
水分	在基层修补之后遇到降雨或表面结露时,如果在此基层上进行施工,尤其是涂刷溶剂型涂料,会造成涂膜固化不完全而出现起泡和剥落。必须待基层充分干燥,符合涂料对基层的含水率要求时方可施工。此外,应通过含水率的检查同时测定修补部分砂浆的碱性是否与大面基层一致
被涂面的温度	基层表面温度过高或过低,会影响某些涂料的施工质量。在一般情况下,5℃以下会妨碍某些涂料的正常成膜硬化;但超过 50℃会使涂料干燥过快,同样成膜不良。根据所用涂料的性能特点,当现场环境及基层表面的温度不适宜施工时,应调整施工时间

续表 6-8

内 容	特 点
基层的其他异常	检查基层经修补后是否产生新的裂缝,腻子有否塌陷,嵌填或封底材料有否粉化,基层是否有新的沾污等。对于检查出的异常部位应及时处理

2. 内墙基层

内墙基层检查内容见表 6-9。

表 6-9 内墙基层检查内容

内 容	特 点
潮湿与结露	影响内墙涂料施工的首要因素是潮湿和结露,特别是当屋面防水、外墙装饰及玻璃安装工程结束之后,水泥类材料基层所含的水分大部分向室内散发,使内墙面含水率增大,室内温度增高,同时,由于室内外气温的差别,当墙体较冷时即在内墙面产生结露。此时应采取通风换气或室内供暖等措施,加快室内干燥,待墙体表面的水分消失后再进行涂料饰面施工
基层发霉	对于室内墙面及顶棚基层,在处理后也常会再度产生发霉现象,尤其是在潮湿季节的某些建筑部位,如北侧房间或卫生间等。对于发霉部位需用防霉剂稀释液冲洗,待其充分干燥后再涂饰掺有防霉剂的涂料
基层的丝状裂缝	室内墙面发生微细裂纹的现象较为普遍,特别是水泥砂浆基层在干燥的过程中进行基层处理时,往往会在涂料施工前才明显出现。如果此类裂缝较严重,必须再次补批腻子及打磨平整

第二节 外墙面涂装

一、一般规定【新手技能】

1. 基层

基层的含水率应不大于 8%～10%,pH 值为 7～10。涂料施工之前必须将基层上的灰尘、垃圾、油污等清除,以保证腻子、涂料能够牢固附着在基层上。基层质量的要求如下:

（1）外墙涂料的基层为普通、中级、高级抹灰基层和混凝土基层。

（2）基层必须牢固，无裂缝或起壳。

（3）基层的含水率不得大于 8％～10％，pH 值为 7～10。

（4）墙面如发现起白霜，严禁进行涂料施工，须经处理验收合格后方可涂装。

（5）抹灰和混凝土基层的质量要求应符合《建筑装饰装修工程质量验收规范》(GB 50210－2001)和《混凝土结构工程施工质量验收规范》(GB 50204－2002)的有关要求。

一般抹灰的允许偏差和检验方法，见表 6-10。现浇结构外观质量缺陷，见表 6-11。

表 6-10　一般抹灰的允许偏差和检验方法

项　　目	允许偏差（mm）		检　验　方　法
	普通抹灰	高级抹灰	
立面垂直度	4	3	用 2m 垂直检测尺检查
表面平整度	4	3	用 2m 靠尺和塞尺检查
阴阳角方正	4	3	用直角检测尺检查
分格条（缝）直线度	4	3	拉 5m 线，不足 5m 拉通线，用钢直尺检查
墙裙、勒脚上口直线度	4	3	拉 5m 线，不足 5m 拉通线，用钢直尺检查

注：1. 普通抹灰，本表第 3 项阴角方正可不检查。

　　2. 顶棚抹灰，本表第 2 项表面平整度可不检查，但应平顺。

表 6-11　现浇结构外观质量缺陷

名称	现　　象	严重缺陷	一般缺陷
露筋	构件内钢筋未被混凝土包裹而外露	纵向受力钢筋有露筋	其他钢筋有少量露筋
蜂窝	混凝土表面缺少水泥砂浆而形成石子外露	构件主要受力部位有蜂窝	其他部位有少量蜂窝
孔洞	混凝土中孔穴深度和长度均超过保护层厚度	构件主要受力部位有孔洞	其他部位有少量孔洞

续表 6-11

名称	现象	严重缺陷	一般缺陷
夹渣	混凝土中夹有杂物且深度超过保护层厚度	构件主要受力部位有夹渣	其他部位有少量夹渣
疏松	混凝土中局部不密实	构件主要受力部位有疏松	其他部位有少量疏松
裂缝	缝隙从混凝土表面延伸至混凝土内部	构件主要受力部位有影响结构性能或使用功能的裂缝	其他部位有少量不影响结构性能或使用功能的裂缝
连接部位缺陷	构件连接处混凝土缺陷及连接钢筋,连接件松动	连接部位有影响结构传力性能的缺陷	连接部位有基本不影响结构传力性能的缺陷
外形缺陷	缺棱掉角,棱角不直、翘曲不平、飞边凸肋等	清水混凝土构件有影响使用功能或装饰效果的外形缺陷	其他混凝土构件有不影响使用功能的外形缺陷
外表缺陷	构件表面麻面、掉皮、起砂、沾污等	具有重要装饰效果的清水混凝土构件有外表缺陷	其他混凝土构件有不影响使用功能的外表缺陷

(6)应将基体或基层的缺棱掉角处用 1:3 的水泥砂浆(或聚合物水泥砂浆)修补,表面麻面及缝隙应用腻子填补并磨平。

(7)基层表面上的尘土、油污、垃圾、溅浆等应清洗干净。

(8)大面积外墙面宜做分格线处理,分隔条应用质硬挺拔的材料制成。

(9)外墙涂料施工前应对基层的平整、裂缝等质量指标进行验收,并作记录,认可后方可进行涂料施工。

(10)基层应用与面涂相配套的封底涂料处理。

2. 施工要求

(1)外墙涂料工程施工前,应根据实际的涂刷面积、所用涂料品种、外墙墙面情况确定所需材料用量,并保持适当余量,以保证墙面色泽,避免在修补时产生色差。

(2)施工场地往往比较混乱,为避免混淆,不同品种、色彩的涂料应分别放置。

(3)涂料施工应当自上而下进行,防止涂刷时液滴沾污已涂刷好的墙面。分隔线应尽可能地减少接痕。脚手架支撑点应在涂料施工前清除、移位、修补,同时注意清除脚手架上的浮灰,避免污染涂刷面。

(4)涂料工程在施工工艺上规定要涂刷配套的底涂料,其作用是封闭墙面,降低基层的吸收性,使基层均匀吸收涂料,避免墙面水泥砂浆泛碱并增加涂层与基层的黏结力。

(5)在涂料施工前后应当注意当地的天气状况,尽量避免涂装施工后短时间(2～3 小时)内刮风、下雨。通常水性涂料的施工最好在 5℃以上,0℃以下严禁施工;溶剂型外墙涂料施工无温度限制。在气温高于 35℃,湿度小的季节施涂乳液涂料时,应将基层用水润湿,无明水后施涂,否则容易出现涂层成膜过快而脱皮。采用机械喷涂时,应将不应喷涂的区域遮盖,避免造成污染。

3. 薄质涂料与复层涂料施工的要求

薄质涂料与复层涂料施工的要求和工序见表 6-12～表 6-14。

表 6-12　薄质涂料与复层涂料施工的要求

涂料种类	要　　求
薄质涂料	(1)薄质涂料施工工序见表 6-13 (2)外墙涂装工程所用的腻子应坚实牢固,不得粉化、起皮和裂纹,具有耐水性能。腻子层不可过厚(以找平墙面为准)。腻子干燥后,应打磨光滑,并清理干净 (3)外墙涂料工程要求按"一底二面"施工,根据工程质量要求可以适当增加面涂度数 (4)先在墙面上涂刷一度配套底涂料,干燥后涂刷第一度面涂。第二度面涂必须在第一度面涂干燥后方可进行。每一度涂装必须均匀,层与层之间需结合牢固 (5)涂装施工应由建筑物自上而下进行,每一度涂刷以分格线、墙面阴阳角交接处或落水管等为界 (6)涂料在涂刷时和干燥前必须防止雨淋、尘土沾污 (7)采用机械喷涂时,应将不喷涂部位遮盖,防止沾污 (8)涂刷施工工具使用完毕后应及时清洗或浸泡在相应的溶剂中

续表 6-12

涂料种类	要　　求
复层涂料	(1)复层涂料的施工应见表 6-14 (2)用 108 胶∶白水泥＝1∶5,水适量的混合料涂刷、滚涂或刮基层,可调整基层的渗透性,增强主涂层的附着力。涂刷均匀,不可有漏刷、流坠现象 (3)浮雕层涂料应随用随配,防止浪费 (4)浮雕层涂料施工一般采用机械喷涂,施工前应进行试喷 (5)阴阳角、分格线处应加以挡板,喷枪行走路线可上下或左右进行,不均匀处可补喷 (6)使用有色涂料要注意出厂批号,同一分块内应用同批号的产品 (7)浮雕层涂料喷涂完毕后可用塑料辊或橡皮辊蘸煤油或松节油等高沸点溶剂迅速来回滚压。每辊交接处不要形成明显接痕 (8)浮雕层涂料需打磨则应固化到不易损坏时,按样本模式用打磨机将凸部磨平 (9)浮雕层喷涂完毕干燥固化后,再滚涂或喷涂罩面层,一般滚涂两度 (10)空气泵必须设专人看管,避免潮湿雨淋。注意用电及设备安全 (11)刚施工完毕的饰面要注意保护,防止在烈日下曝晒,涂层硬化前要避免雨淋

表 6-13　薄质涂料施工工序

序号	工序名称	乳液型涂料	溶剂型涂料
1	修补	＋	＋
2	清扫	＋	＋
3	填补缝隙,局部刮腻子	＋	＋
4	磨平	＋	＋
5	刷底涂料	＋	＋
6	第一度面涂料	＋	＋
7	第二度面涂料	＋	＋

注:1. 表中"＋"号表示应进行的工序。

　　2. 如施涂面涂二遍后,饰面效果不理想可增加 1～2 遍面涂。

表 6-14　复层涂料施工工序

序号	工序名称	合成树脂乳液复层涂料	硅溶胶复层涂料	水泥系复层涂料	反应固化型复层涂料
1	修补	+	+	+	+
2	清扫	+	+	+	+
3	填补缝隙,局部刮腻子	+	+	+	+
4	磨平	+	+	+	+
5	刷封底涂料	+	+	+	+
6	施涂主涂层	+	+	+	+
7	滚压	+	+	+	+
8	第一度罩面涂料	+	+	+	+
9	第二度罩面涂料	+	+	+	+

注:1. 表中"+"号表示应进行的工序。

　　2. 如需要特殊造型时,可不进行滚压。

　　3. 水泥系主涂层喷涂后,应先干燥12h,然后洒水养护24h,再干燥12h后,才能施涂罩面涂料。

二、施工准备【新手技能】

1. 施工工具准备

高层建筑涂料施工宜采用电动吊篮,多层建筑涂料施工宜采用桥式架子,室内则根据层高的具体情况,准备操作架子。综合起来施工机具主要内容见表 6-15。

表 6-15　施工机具

分类	内容
刷涂工具	排笔、棕刷、料桶等
喷涂机具	空气压缩机(最高气压10MPa,排气室0.6m³)、高压无气喷涂机(含配套设备)
滚涂工具	长毛绒辊、压花辊、印花辊、硬质塑料或橡胶辊
弹涂工具	手动或电动弹涂器及配套设备
抹涂工具	不锈钢抹子、塑料抹子、托灰板等
其他	喷斗、喷枪、高压胶管等、手持式电动搅拌器等

2. 外墙面的处理要求

(1)基层表面的灰砂、污垢和油渍等,必须清除干净,脚手眼洞、门窗框与墙体之间的缝隙,应先用水泥砂浆堵实补好,混凝土基层应剔除凸出部分,光面要凿毛,用钢丝刷满刷一遍,或者洒水湿润后用水泥浆加108胶水扫毛,增加粉刷黏结力。

(2)基层处理后,应检查基层表面的平整度和垂直度,用与底层刮糙相同的砂浆做灰饼、出标筋,用长靠尺检查标筋是否标准。刮糙必须分层抹平,要求至少分两遍成活。

(3)凡墙体阳角均做隐护墙角。采用15厚1:2.5水泥砂浆,每侧宽度不小于50,通顶高。

(4)凡是卫生间墙体临房间墙面均采用防水砂浆粉刷。所有粉刷面均要求阴阳角通角垂直,面层平整光滑,无明显接槎。

(5)涂饰要严格按照施工工艺要求进行施工。

(6)涂料施工前,清理墙、柱表面。修补墙、柱表面:修补前,先涂刷一遍用三倍水稀释后的108胶水。然后,用水石膏将墙、柱表面的坑洞、缝隙补平,干燥后用砂纸将凸出处磨掉,将浮尘扫净。

(7)刮腻子。遍数可由墙面平整程度决定,一般为两遍:第一遍横向满刮,一刮板紧接着一刮板,接头不得留槎,每刮一刮板最后收头要干净平顺。干燥后磨砂纸,将浮腻子及斑迹磨平磨光,再将墙、柱表面清扫干净。第二遍竖向满刮,所用材料及方法同第一遍腻子。

(8)刷涂料。刷第一遍涂料:涂刷顺序是先上后下。乳胶漆用排笔涂刷。涂料使用前应搅拌均匀,适当加水稀释,防止头遍漆刷不开。涂刷时,从一头开始,逐渐向另一头推进,要上下顺刷,互相衔接,后一排笔紧接前一排笔,避免出现干燥后接头。待第一遍涂料干燥后,复补腻子,腻子干燥后用砂纸磨光,清扫干净。刷第二遍涂料:第二遍涂料操作要求同第一遍。

3. 外墙涂料涂装体系

一般的外墙建筑涂料涂装体系,分为三层:底漆、中涂漆、面漆,其特点见表6-16。

表 6-16 外墙建筑涂料涂装体系

涂装体系	特　点
底漆	底漆封闭墙面碱性,提高面漆附着力,对面涂性能及表面效果有较大影响
中涂漆	中涂漆主要作用是提高附着力和遮盖力,提供立体花纹,增加丰满度,并相应减少面漆用量
面漆	面漆是体系中的最后涂层,具有装饰功能,抵抗环境侵害

三、水溶性涂料涂饰工程【新手技能】

1. 基层处理

基层处理的工作内容包括基层清理和基层修补。不同材料的基层处理方法不一样,见表 6-17。

表 6-17 基层处理方法

基层种类	处 理 方 法
混凝土及砂浆的基层	为保证涂膜能与基层牢固黏结在一起,基层表面必须干净、坚实,无酥松、脱皮、起壳、粉化等现象,基层表面的泥土、灰尘、污垢、粘附的砂浆等应清扫干净,酥松的表面应予铲除。为保证基层表面平整,缺棱掉角处应用 1:3 水泥砂浆或聚合物水泥砂浆修补,表面的麻面、缝隙及凹陷处应用腻子填补修平
木材与金属基层	为保证涂抹与基层粘接牢固,木材表面的灰尘、污垢和金属表面的油渍、鳞皮、锈斑、焊渣、毛刺等必须清除干净。木料表面的裂缝等在清理和修整后应用石膏腻子填补密实、刮平收净,用砂纸磨光以使表面平整。木材基层缺陷处理好后表面上应做好底子处理,使基层表面具有均匀吸收涂料的性能,以保证面层的色泽均匀一致
	金属表面应刷防锈漆,涂料施涂前被涂物件的表面必须干燥,以免水分蒸发造成涂膜起泡,一般木材含水率不得大于 12%,金属表面不得有湿气

2. 施工要点

施工要点分以下几种情况:

(1)修补腻子。用水石膏将墙面等基层上磕碰的坑凹、缝隙等处分别找平,干燥后用 1 号砂纸将凸出处磨平,并将浮尘等清扫干净。

(2)刮腻子。刮腻子涂膜对光线的反射比较均匀,因而在一般情况下不易觉察到基层表面细小的凹凸不平和砂眼。基层刮腻子数遍予以找平,并在每遍所刮腻子干燥后用砂纸打磨,保证基层表面平整光滑。

需要刮腻子的遍数,一般情况为三遍,腻子的配合比为质量比,有两种:

1)适用于室内的腻子,其配合比为:聚乙酸乙烯乳液(即白乳胶):滑石粉或钛白粉:20%羧甲基纤维素溶液=1:5:3.5。

2)适用于外墙、厨房、厕所、浴室的腻子,其配合比为:聚乙酸乙烯乳液:水泥:水=1:5:1。

(3)涂乳液薄涂料。

1)涂第一遍乳液薄涂料,施涂顺序是先刷顶板后刷墙面,刷墙面时应先上后下。先将墙面清扫干净,再用布将墙面粉尘擦净。乳液薄涂料一般用排笔涂刷,乳液薄涂料使用前应搅拌均匀,适当加水稀释,防止头遍涂料涂不开。干燥后复补腻子,待复补腻子干燥后用砂纸磨光,并清扫干净。

2)涂第二遍乳液薄涂料,操作要求同第一遍,使用前要充分搅拌,漆膜干燥后,用细砂纸将墙面疙瘩和排笔毛打磨掉,磨光滑后清扫干净。

3)涂第三遍乳液薄涂料,操作要求同第二遍乳液薄涂料。涂刷时从一头开始,逐渐涂刷到另一头,要注意上下顺刷互相衔接,后一排笔紧接前一排笔。

四、外墙彩色喷涂施工【高手技能】

1. 基面处理

(1)对原有建筑进行涂料涂刷时,对外饰面进行黏结强度测试,黏结强度≥1.0MPa。基面如果出现空鼓、脱层等现象,应将原有外墙饰面层清除,露出基层墙体重新抹灰,若被油污或浮灰污染需清除,满涂界面剂。

(2)基层含水率<10%,pH 值<9.5。

(3)对基面进行全面检查,如抹刀痕迹,粗糙的拐角和边沿,露网等现象,进行修补;墙面不平,应刮补找平腻子。

（4）将混凝土或水泥混合砂浆抹灰面表面上的灰尘、污垢、溅沫和砂浆流痕等清除干净。同时将基层缺棱掉角处，用 1：3 水泥砂浆修补好；表面麻面及缝隙应用聚乙烯乙烯乳液 1 份，水泥 5 份，水 1 份调合成的腻子填补齐平，并用同样配合比的腻子进行局部刮腻子，待腻子干后，用砂纸磨平。

2. 工艺流程

原则是先上后下、先顶棚后墙面。

基层处理→分分格缝→施涂封底涂料→喷、滚、弹主涂层→喷、滚、弹面层涂料→涂料修整。

3. 施工要点

施工要点见表 6-18。

表 6-18　施工要点

施工要点	内　　容
刷涂	涂刷方向、距离应一致，接槎应在分格缝处。如所用涂料干燥较快时，应缩短刷距。刷涂一般不少于两道，应在前一道涂料表干后再刷下一道。两道涂料的间隔时间一般为 2～4h
喷涂	喷涂施工应根据所用涂料的品种、黏度、稠度、最大粒径等，确定喷涂机具的种类、喷嘴口径、喷涂压力、与基层之间的距离等。 　　一般要求喷枪运行时，喷嘴中心线必须与墙面垂直，喷枪与墙面有规则地平行移动，运行速度应保持一致。涂层的接槎应留在分格缝处。门窗以及不喷涂料的部位，应认真遮挡。喷涂操作一般应连续进行，一次成活
滚涂	滚涂操作应根据涂料的品种、要求的花饰确定辊子的种类。操作时在辊子上蘸少量涂料后，在预涂墙面上上下垂直来回滚动，应避免扭曲蛇行
弹涂	先在基层刷涂 1～2 道底色涂层，待其干燥后进行弹涂。弹涂时，弹涂器的机口应垂直、对正墙面，距离保持 30～50cm，按一定速度自上而下、由左向右弹涂。选用压花型弹涂时，应适时将彩点压平

续表 6-18

施工要点	内　　容
复层涂料	这是由底层涂料、主涂层、面层涂料组成的涂层。底层涂料可采用喷、滚、刷涂的任一方法施工。主涂层用喷斗喷涂,喷涂花点的大小、疏密根据需要确定。花点如需压平时,则应在喷点后适时用塑料或橡胶辊蘸汽油或二甲苯压平。主涂层干燥后,即可涂饰面层涂料。面层涂料一般涂两道,其时间间隔为 2h 左右 　　复层涂料的三个涂层可以采用同一材质的涂料,也可由不同材质的涂料组成
修整	涂料修整工作很重要,其修整的主要形式有两种,一种是随施工随修整,它贯穿于班前班后和每完成一分格块或一步架子;另一种是整个分部、分项工程完成后,应组织进行全面检查,如发现有"漏涂""透底""流坠"等弊病,应立即修整和处理

4. 应注意的质量问题

施工应注意的质量问题见表 6-19。

表 6-19　施工应注意的质量问题

项　　目	内　　容
颜色不匀,二次修补接槎明显	主要原因是配合比掌握不准,掺加料不匀;喷、滚、弹手法不一,或涂层厚度不一;采用单排外脚手架施工,随拆架子、随修墙脚手眼,随涂灰、随喷、滚、弹,因底层二次修补灰层与原抹灰层含水率不一,面层施工后含水率高,造成面层二次修补接槎明显 　　解决办法:设专人掌握配合比和统一配料,且计量要准;喷、滚、弹面层施工要指定专人负责,以便操作手法一致,面层厚度掌握均匀;严禁采用单排外架子,如采用双排外架子施工时,也要禁止将支杆压在墙上,造成二次修补,影响涂层美观
底灰抹的不平,或抹纹明显	主要原因是喷、滚、弹涂层较薄,要求底灰抹好后,应按水泥砂浆抹面交验的标准验收,否则,影响面层的质感

续表 6-19

项　　目	内　　容
面层施工接槎明显	主要原因是面层施工时没将施工槎子留在不显眼的地方,而是无计划乱甩槎,形成面层花感 　解决办法:施工中间留槎必须留在分格条、伸缩缝或管后,如水落管等不显眼的地方,严禁在分块中间甩槎。二次接槎施工时注意涂层的厚度,避免重叠涂层,形成局部花感
施工时颜色很好,交工时污染不清	主要原因是涂层内的颜色选择不好,施工完到竣工,经风吹雨打日晒,颜色变化,交竣时面层污染不清 　解决办法:选用抗紫外线、抗老化的无机颜料,施工时严格控制加水量,中途不得随意加水,以保持颜色一致;要防止面层的污染,可在涂层完工 24h 后喷有机硅一道,并注意喷时要喷的厚度一致,既要防止漏喷,又要防止流淌或过厚,形成花感

五、彩砂涂料施工【高手技能】

1. 基层处理

混凝土墙面抹灰找平时,先将混凝土墙表面凿毛,充分浇水湿润,用1:1水泥砂浆,抹在基层上并拉毛。待拉毛硬结后,再用1:2.5水泥砂浆罩面抹光。对预制混凝土外墙麻面以及气泡,需进行修补找平,在常温条件下湿润基层,用水:石灰膏:胶黏剂＝1:0.3:0.3加适量水泥,拌成石灰水泥浆,抹平压实。这样处理过的墙面的颜色与外墙板的颜色近似。

2. 操作要点

(1)基层封闭乳液刷两遍。第一遍刷完待稍干燥后再刷第二遍,不能漏刷。

(2)基层封闭乳液干燥后,即可喷黏结涂料。胶厚度在 1.5mm 左右,要喷均匀。接槎处的涂料要厚薄一致,否则会造成颜色不均匀。

(3)喷黏结涂料和喷石粒工序连续进行,一人在前喷胶,一人在后喷石,不能间断操作,否则会起膜,影响粘石效果和产生明显的接槎。

喷斗一般垂直距墙面 40cm 左右,不得斜喷,喷斗气量要均匀,气压在 0.5～0.7MPa 之间,保持石粒均匀呈面状地粘在涂料上。喷石的方法以鱼鳞划弧或横线直喷为宜,以免造成竖向印痕。

水平缝内镶嵌的分格条,在喷罩面胶之前要起出,并把缝内的胶和石粒全部刮净。

(4)喷石后 5～10min 用胶辊滚压两遍。滚压时以涂料不外溢为准。第二遍滚压与第一遍滚压间隔时间为 2～3min。滚压时用力要均匀,不能漏压。

第二遍滚压可比第一遍用力稍大。滚压的作用主要是使饰面密实平整,观感好,并把悬浮的石粒压入涂料中。

(5)喷罩面胶:在现场按配合比配好后过铜箩筛子,防止粗颗粒堵塞喷枪。喷完石粒后隔 2h 左右再喷罩面胶两遍。上午喷石下午喷罩面胶,当天喷完石粒,当天要罩面。喷涂要均匀,不得漏喷。罩面胶喷完后形成一定厚度的隔膜,把石渣覆盖住,用手摸感觉光滑不扎手,不掉石粒。

六、丙烯酸有光凹凸乳胶漆施工【高手技能】

1. 基层处理

丙烯酸有光凹凸乳胶漆可以喷涂在混凝土、水泥石棉板等基体表面,也可以喷涂在水泥砂浆或混合砂浆基层上。其基层含水率不大于 10%,pH 值在 7～10 之间。

2. 操作要点

(1)喷涂凹凸乳胶底漆。喷枪口径采用 6～8mm,喷涂压力 0.4～0.8MPa。先调整好黏度和压力后,由一人手持喷枪与饰面成 90°角进行喷涂。其行走路线,可根据施工需要上下或左右进行。花纹与斑点的大小以及涂层厚薄,可调节压力和喷枪口径大小进行调整。一般底漆用量为 0.8～1.0kg/m²。

喷涂后,一般在(25±1)℃,相对湿度(65±5)%的条件下停 5min后,再由一人用蘸水的铁抹子轻轻抹、轧涂层表面,始终按上下方向操作,使涂层呈现立体感图案,且要花纹均匀一致,不得有空鼓、起皮、漏喷、脱落、裂缝及流坠现象。

（2）喷涂各色丙烯酸有光乳胶漆。喷底漆后，相隔 8h〔(25±1)℃，相对湿度(65±5)％〕，即用 1 号喷枪喷涂丙烯酸有光乳胶漆。喷涂压力控制在 0.3～0.5MPa 之间，喷枪与饰面成 90°角，与饰面距离 40～50cm 为宜。喷出的涂料要成浓雾状，涂层要均匀，不宜过厚，不得漏喷。一般可喷涂两道，一般面漆用量为 0.3kg/m²。

喷涂时，一定要注意用遮挡板将门窗等易被污染部位挡好。如已污染应及时清除干净。雨天及风力较大的天气不要施工。

（3）须注意每道涂料在使用之前都需搅拌均匀后方可施工，厚涂料过稠时，可适当加水稀释。

（4）双色型的凹凸复层涂料施工，其一般做法为第一道封底涂料，第二道带彩色的面涂料，第三道喷涂厚涂料，第四道为罩光涂料。在一般情况下，丙烯酸凹凸乳胶漆厚涂料作喷涂后数分钟，可采用专用塑料辊蘸煤油滚压，注意掌握压力的均匀，以保持涂层厚度一致。

3. 施工注意事项

（1）大多数涂料的贮存期为 6 个月，购买时和使用前应检查出厂日期，过期者不得使用。

（2）基层墙面如为混凝土、水泥砂浆面，应养护 7～10d 后方可作涂料施工，冬季需 20d。

（3）涂料施工温度必须是在 5℃ 以上，涂料的贮存温度须在 0℃ 以上，夏季要避免日光照射，存放于干燥通风之处。

七、外墙干粉涂料施工【高手技能】

外墙干粉涂料施工主要体现在 4 方面，见表 6-20。

表 6-20　外墙干粉涂料施工

施工要点	内　　　　容
基面处理	（1）对原有建筑进行涂料涂刷时，对外饰面进行黏结强度测试，黏结强度≥1.0MPa。基面如果出现空鼓、脱层等现象，应将原有外墙饰面层清除，露出基层墙体重新抹灰，若被油污或浮灰污染需清除，满涂界面剂
	（2）基层含水率＜10％，pH 值＜9.5
	（3）对基面进行全面检查，如抹刀痕迹、粗糙的拐角和边沿、露网等现象，进行修补；墙面不平，应刮补找平腻子

续表 6-20

施工要点	内　　容
干粉调配	(1)保温墙面一布一浆保护层施工后,24～48h 内做干粉涂料 (2)水泥砂浆墙面施工 3d 后做干粉涂料;同时要求水泥砂浆抹面不开裂 (3)基面若干燥应撒水量均匀 (4)干粉涂料配比:干粉涂料:水＝100:20。 (5)调配干粉涂料须有专人负责 (6)干粉涂料加水量严格按要求调配,不许多加水,以避免造成色差。配料后要求 1h 内用完 (7)水为生活饮用水 (8)将水称量后全部加入配料桶内,倒入约 3/4 干粉涂料,用手提式搅拌器充分搅拌均匀后,再倒入余下的干粉涂料,搅拌均匀,放置 10～15min 后,再重新搅拌均匀,约 1min 即可使用 (9)施工干粉涂料要求平整,拉毛点均匀分布,每分隔框从左到右一次配料连续抹面拉毛;拉毛同一方向,拉毛用有机玻璃抹子。窗膀周边应使用专用干粉涂料
干粉施工	(1)干粉涂料施工应做分格线,防止接缝抹痕,影响装饰效果,分格线做法: 1)在水泥砂浆基面弹墨线,用无齿锯打出分格槽,槽宽为 20mm,深为 15～20mm,或抹水泥砂浆墙面时直接做分格缝 2)保温基面 EPS 板粘贴后用开槽器在 EPS 板上做出分格槽 3)在水泥砂浆基面或保温基面施工后,按图弹线,用自粘带粘贴,抹干粉涂料,拉毛后将自粘带拆掉,干粉涂料干燥后,沿干粉涂料边缘在其上贴自粘带抹干粉涂料,拉毛后将自粘带拆掉,进行接缝处理 (2)干粉涂料施工后 24h 内不许淋雨 (3)干粉涂料用量小于 3.0kg/m²
干粉贮存	干粉涂料为水泥质材料,贮存要求干燥、通风、防止淋雨、淋水。贮存期为 3 个月

八、中(高)档平(有)光外墙涂料施工【高手技能】

1. 基面处理

(1)对原有建筑进行涂料涂刷时,对外饰面进行黏结强度测试,黏结强度≥1.0MPa。基面如果出现空鼓、脱层等现象,应将原有外墙饰面层清除,露出基层墙体重新抹灰,若被油污或浮灰污染,则需清除,满涂界面剂。

(2)基层含水率＜10％,pH 值＜9.5。

(3)对基面进行全面检查,如抹刀痕迹,粗糙的拐角和边沿,露网等现象,进行修补;墙面不平,应刮补找平腻子。

2. 施工要点

(1)涂料使用前,用电动手提搅拌器适度搅拌至稳定均匀状态,不能过度搅拌。

(2)利用墙面拐角、变形缝、分格缝、水落管背后或独立装饰线进行分区,一个分区内的墙面或一个独立墙体一次施涂完毕。

(3)同一墙应用同一批号的涂料,每遍涂料不宜施涂过厚,涂层应均匀,颜色一致。

(4)施工通常两遍成活,第一遍加水 10％～15％,第二遍加水 5％～10％。两遍主料间隔时间大于 4h。如有露底,须在 2h 内修补。

(5)根据墙面湿度、空气温度、主料稠稀度以及风速加水量可适度调整。

(6)应使用相同涂刷工具,涂抹的纹路要左右前后相同,颜色一致,施工涂层的墙面应有防雨、防污染措施。

(7)一种颜色涂料用一套涂刷工具,界面变动要横平竖直,不要将两种主料穿插在一起。

(8)雨后施工要检查基层含水率,含水率应小于 10％,检验方法将一块正方形的塑料布用胶带沿塑料布四周粘贴在墙面上,阳光照射 1h 左右,观察塑料布上是否有水珠出现,若无水珠出现,可以施工,否则不能进行施工。

九、水性纯丙弹性外墙涂料施工工艺【高手技能】

1. 基面处理

(1)对原有建筑进行涂料涂刷时,对外饰面进行黏结强度测试,黏结强度≥1.0MPa。基面如果出现空鼓、脱层等现象,应将原有外墙饰面层清除,露出基层墙体重新抹灰,若被油污或浮灰污染需清除,满涂界面剂。

(2)基层含水率<10%,pH 值<9.5。

(3)对基面进行全面检查,如抹刀痕迹,粗糙的拐角和边沿,露网等现象,进行修补;墙面不平,应刮补找平腻子。

2. 施工要点

(1)利用墙面拐角、变形缝、分格缝、水落管背后或独立装饰线进行分区,一个分区内的墙面或一个独立墙体一次施涂完毕。

(2)同一墙应用同一批号的涂料,每遍涂料不宜施涂过厚,涂层应均匀,颜色一致。

(3)主料施工前将基面全部涂刷一道无色底涂。用量为 0.1～0.15kg/m²。

(4)主料需二遍成活:涂刷第一遍主料时需加 5%～10%的水稀释,涂刷第二遍主料时不用稀释。两遍主料间隔时间大于 24h。如有露底,须在 2h 内修补。用量为 0.3～0.4kg/m²。

(5)主料施工完成后,放置 24h 后,喷涂一道罩面漆。用量为0.1～0.15kg/m²。

(6)根据墙面湿度、空气温度、主料稠稀度以及风速加水量可适度调整。

(7)应使用相同涂刷工具,涂抹的纹路要左右前后相同,颜色一致,施工涂层墙面应有防雨、防污染措施。

(8)一种颜色涂料用一套涂刷工具,界面变动要横平竖直,不要将两种主料穿插在一起。

(9)雨后施工要检查基层含水率,含水率应小于 10%,检验方法将一块正方形的塑料布用胶带沿塑料布四周粘贴在墙面上,阳光照射 1h左右,观察塑料布上是否有水珠出现,若无水珠出现,可以施工,否则不能进行施工。

十、喷塑涂料施工【高手技能】

1. 喷塑建筑涂料的涂层结构

按喷塑涂料的施工特点和不同层次的作用,其涂层构造可分为三部分,即底层、中间层和面层。按使用材料分,可归为三种材料,即底油、骨架和面油,如图 6-1 所示,三种材料的特点见表 6-21。

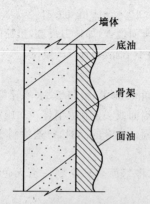

图 6-1　喷塑涂层结构示意图

表 6-21　喷塑建筑涂料的特点

材料	特　　点
底油	底油或称底釉、底漆,是首先涂布于墙面基层上的涂层 　它渗透于基层内部,增强基层的强度,同时又对基层表面进行封闭,并消除底材表面有损于涂层附着的因素,增加骨架与基层之间的结合力。底油一般是选用抗碱性能好的合成乳液材料
骨架	骨架即喷点,是喷塑建筑涂料施工特有的一层成型层 　喷点施工在底漆干燥后进行,在一般情况下,底层施工后 12h,即可喷点料。目前的喷塑骨架点料,主要有两大类:一是硅酸盐类喷点料;二是合成乳液喷点料 　(1)硅酸盐类喷点料:其主要成分是水泥、矿砂,通常配以增稠剂、缓凝剂等助剂。常用的配比是白水泥∶胶结剂∶矿砂＝1∶0.2∶(0.3～0.5),并加适量的水 　这种喷塑骨架材料,可在施工现场自行配制。因为这种喷点料系以硅酸盐为主体,所以具有一般水泥的优点,如耐碱、耐水性高,硬度大,成本低等。而且该种涂料施工时随用随配,宜在 1h 之内用完。喷点完毕须注意养护,一般需浇水养护 3d 左右,使其强度顺利增长。这种骨架材料多用于多层建筑的外墙喷塑施工 　(2)合成乳液喷点料:其主要成分是合成乳液、填充料、辅助剂等。此类骨架材料又分为硬化型和弹性型两种类型:

续表 6-21

材料	特　点
骨架	1）硬化型。有单组分和双组分两种，以单组分喷点料最为普遍，主要成分为丙烯酸酯聚合物。双组分的主要成分为环氧乳液与聚酰胺，其硬度、黏结性和防火性能均佳 2）弹性型。主要材料为丙烯酸橡胶，与水泥基层有良好的黏结性能，并富有弹性，在墙体受到一定外力的情况下，它能够保持较好的完整性 这类喷塑骨架材料施工方便，与基层有良好的黏结力，并对建筑物有一定的补强作用，它能够增加喷塑饰面的耐水性和耐久性。它的固体含量较高，一般在 65%～70%，其成型后，喷点柔软适度，当用胶辊将圆点压平时，花纹外形自然而圆滑，质感丰满。所以，高层建筑及高级装饰的喷塑涂料饰面，其骨架材料多是用合成乳液喷点料
面油	面油或称面漆、面釉，是喷塑涂层的表面层 面油内加有各种耐晒彩色颜料，使喷塑涂层具有理想的色彩和光感。根据所用的材料，面油有油性和水性两类： （1）油性面油所用的稀释剂是香蕉水，油性面油多是双组分，需现场按比例调配，并需在一定时间内用完，所用稀释剂有味、有毒、易燃，施工中需注意防毒、防火 （2）水性面油的稀释剂是水。水性面油是单组分，施工简便，无味、不燃，所用工具易于清洗。面油的施工，一般不低于两遍，多是做二道滚涂。其做法有三种： ①二道面油均是水性涂料；②二道面油均是油性涂料；③第一道面油是水性涂料，第二道面油是油性涂料

2. 喷塑建筑涂料施工要点

喷塑建筑涂料施工要点见表 6-22。喷点与喷枪工作关系见表 6-23。

表 6-22　喷塑建筑涂料施工要点

项　目	内　容
喷（刷或滚涂）底油	底油可用喷枪喷涂，也可做刷涂，也可用毛辊滚涂，目前采用滚涂和喷涂者为多。底油一般固体含量小，底油施工前，应对基底进行全面验收

续表 6-22

项　目	内　容
喷点料	正式喷涂前应根据设计要求喷涂样板；喷涂时应试喷，如果发生糊嘴现象，可加水稀释。喷点的大小、环境温度的高低，均是影响加水量的因素。使用桶装的合成乳液喷点料，事先须用搅拌器充分搅拌，以防使用时稠度不均和沉淀 　　施工时，将调好的骨架材料，用小勺装入喷枪的料斗内，扭动开关，用空气压缩机送出的风作动力，将喷点料通过喷嘴射向墙面。喷点的规格有大、中、小三档之分，根据设计要求而选用不同规格的喷嘴。喷嘴内径的大小与喷点的关系见表 6-23 　　对于不该喷的部位，应采取遮挡措施。喷点料操作宜三人同时进行。一人在前面举挡板保护不该喷涂部位，中间者喷涂，后者进行压平工作，以形成流水作用。同时也便于三人轮换喷涂 　　喷点操作的移动速度要均匀，不宜忽快忽慢。其行走路线可根据施工需要由上到下或左右移动。喷枪在正常情况下其喷嘴距墙 50～60cm 为宜，喷头与墙面呈 60°～90°夹角。如果喷涂顶棚，可采用顶棚喷涂专用喷嘴
喷塑的压花	喷点过后有压平与不压平之别，如果需要将喷到墙上的圆点压平，喷点后 5～10min，便可用胶辊蘸松节水，在塑性的圆点上均匀地轻轻碾压，始终要上下方向滚动，将圆点压扁，使之成为具有立体感的压花图案。在一般情况下大点都需要压平，使其不致突出表面太多而影响美观，将其压扁呈花瓣状即能获得较美的装饰效果
面油喷涂或滚涂	合成乳液喷点，喷后 24h 便可以涂面漆。如骨架喷点系采用硅酸盐类喷点料，在常温下需要 7d 左右才可涂面油 　　面油色彩应按设计要求将色浆一次性配足，以保证整个喷塑饰面的色泽均匀。如采用喷涂，宜喷两道，第一道喷水性面油，第二道喷油性面油
分格缝上色	如果基层有分格条，面油涂饰后即行揭去，对分格缝可按设计要求的色彩重新描绘

表 6-23 喷点与喷枪工作的关系

喷点规格	喷枪嘴内径(mm)	工作压力(MPa)	说 明
大点	8~10	0.5	根据喷点规格,还可调
中点	6~7	0.5	节风压开关,以喷点均匀
小点	4~5	0.5	为度

十一、106 外墙饰面涂料施工【高手技能】

1. 基层要求

(1)基层一般要求是混凝土预制板、水泥砂浆或混合砂浆抹面、水泥石棉板、清水砖墙等。

(2)基层表面必须坚固,无酥松、脱皮、起壳、粉化等现象;基层表面的泥土、灰尘、油污、涂料、广告等杂物脏迹,必须清除干净。

(3)基层要求含水率在 10% 以下,pH 值在 10 以下。墙面养护期一般为:现抹砂浆墙面夏季 7d 以上,冬季 14d 以上;现浇混凝土墙面夏季 10d 以上,冬季 20d 以上。

(4)基层要求平整,但又不应太光滑。孔洞和不必要的沟槽应提前进行修补。修补材料可采用 107 胶加水泥(胶与水泥配比为 20∶100)和适量的水调成的腻子。

2. 施工方法

施工方法见表 6-24。

表 6-24 施工方法

施工方法	内 容
刷涂	手工涂刷时,其涂刷方向和行程长短均应一致。如涂料干燥快,应勤沾短刷,接槎最好在分格缝处。涂刷层次一般不少于 2 道,在前一道涂层表面干后才能进行后一道涂刷。前后两次涂刷的相隔时间与施工现场的温度、湿度有密切关系,通常不少于 3h
喷涂	在喷涂施工中,涂料稠度、空气压力、喷射距离、喷枪运行中的角度和速度等方面均有一定的要求 (1)涂料稠度必须适中,太稠不便施工,太稀影响涂层厚度且容易流淌

续表 6-24

施工方法	内　　容
喷涂	(2)空气压力在 4~8MPa 之间选择,压力选得过低或过高,涂层质感差,涂料损耗多 (3)喷射距离一般为 40~60cm,喷嘴离被涂墙面过近,涂层厚薄难控制,易出现过厚或挂流等现象;喷嘴距离过远,则涂料损耗多 (4)喷枪运行中,喷嘴中心线必须与墙面垂直,喷枪应与被涂墙面平行移动,运行速度要保持一致,快慢要适中
滚涂	施工时在辊子上蘸少量涂料后,再在被滚墙面上轻缓平稳地来回滚动。辊子在滚动时,应直上直下,避免歪扭蛇行,以保证涂层厚度一致、色泽和质感一致 滚涂操作简易、应用灵活、容易掌握,门窗等处无须遮挡,工效比刷涂高,质感比刷涂好
弹涂	在基层表面先刷 1~2 道涂料,作为底色涂层。待底色涂层干燥后,才能进行弹涂 弹涂时,手提彩弹机,先调整和控制好浆门、浆量和弹棒,然后开动电机,使机口垂直对正墙面,保持适当距离(一般为 30~50cm),按一定手势和速度,自上而下、自右至左或自左至右,循序渐进 对于压花型彩弹,在弹涂以后,应有一人进行批刮压花。压花操作用力要均匀,运动速度要适当,方向竖直不偏斜,刮板与墙面的角度宜在 15°~30°之间,要单方向批刮,不能往复操作。每批刮一次,刮板均须用棉纱擦抹,不得间隔,以防花纹模糊。大面积弹涂后,如出现局部弹点不匀或压花不合要求影响装饰效果时,应进行修补,修补方法有补弹和笔绘 2 种。修补所用的涂料,应采用与刷底或弹涂同一颜色的涂料

3. 施工注意事项

(1)涂料在施工过程中,不能随意掺水或随意掺加颜料,也不宜在夜间灯光下施工。

(2)在施工过程中,要尽量避免涂料污染门窗等不需涂装的部位。万一污染,务必在涂料未干时揩去。

(3)要防止有水分从涂层的背面渗透过来,如遇女儿墙、卫生间、盥洗室等,应在室内墙根处做防水封闭层。

（4）施工所用的一切机具、用具等必须事先洗净，不得将灰尘、油垢等杂质带入涂料中。施工完毕或间断时，机具、用具应及时洗净，以备用。

（5）一个工程所需要的涂料，应选同一批号的产品，尽可能一次备足。

（6）涂料在使用前要充分搅拌，使用过程中仍需不断搅拌。

（7）涂料不能冒雨进行施工，预计有雨时应停止施工。风力 4 级以上时不能进行喷涂施工。

十二、聚氨酯仿瓷涂料施工【高手技能】

1. 基层要求

处理基面的腻子，一般要求用 801 胶水调制，也可采用环氧树脂，但严禁与其他涂料混合使用。对于新抹水泥砂浆面层，其常温龄期应＞10d；普通混凝土的常温龄期应＞20d。

2. 施工要求

施工要求主要包括底涂施工、中涂施工和面涂施工，具体见表 6-25。

表 6-25　施工要求

施工部位	内　　容
底涂	对于底涂的要求，各厂产品不一。有的不要求底涂，并可直接作为丙烯酸树脂、环氧树脂及聚合物水泥等中间层的罩面装饰层；有的产品则包括底涂料。底涂料与面涂料为配套供应（见表 6-26），可以采用刷、滚、喷等方法进行底漆
中涂	一般均要求用喷涂。喷涂压力通常为 0.3～0.4MPa 或 0.6～0.8MPa；喷嘴口径一般为 4mm。根据不同品种，将其甲乙组分进行混合调制或采用配套中层材料均匀喷涂，如涂料过稠不便施工时，可加入配套溶剂或乙酸丁酯进行稀释，有的则无须加入稀释剂
面涂	一般可任意选择用喷涂、滚涂和刷涂，施涂的间隔时间一般在 2～4h 之间。涂装施工时的环境温度均不得低于 5℃，环境的相对湿度不得大于 85％。根据产品说明，面层涂装一道或二道后，应注意成品保护，通常要求保养 3～5d

表 6-26　　R8812－61 仿瓷釉涂料的分层涂装

分层涂料	材　料	用料量（kg/m²）	涂装遍数
底涂料	水乳型底涂料	0.13～0.15	1
面涂料（Ⅰ）	仿瓷釉涂料（A、B 色）	0.6～1.0	1
面涂料（Ⅱ）	仿瓷釉清漆	0.4～0.7	1

第三节　内墙面涂装

一、多彩花纹内墙涂料施工【高手技能】

1. 施工顺序

多彩花纹内墙涂料施工顺序见表 6-27。

表 6-27　　多彩花纹内墙涂料施工顺序

项次	项　目	工序名称	备　注
1	基层处理	清扫，填补孔洞、磨砂纸	
2	第一遍满刮腻子	第一遍满刮腻子，磨光	
3	第二遍满刮腻子	第二遍满刮腻子，磨光	
4	底层涂料	满涂底层涂料	腻子干透后施工
5	第一遍中层涂料	第一遍中层涂料磨光	底层涂料施工至少 4h 后施工
6	第二遍中层涂料	第二遍中层涂料	与第一遍中层涂料间隔至少 4h
7	多彩面层喷涂	多彩面层涂料	与第二遍中层涂料间隔至少 4h
8	清扫	清除遮挡物，清扫飞溅物料	

2. 施工要点

(1)先将装修表面上的灰块、浮渣等杂物用开刀铲除,如表面有油污,应用清洗剂和清水洗净,干燥后再用棕刷将表面灰尘清扫干净。

(2)表面清扫后,用水与乙酸乙烯乳胶(配合比为10:1)的稀释乳液将SG821腻子调至合适稠度,用它将墙面麻面、蜂窝、洞眼、残缺处填补好。腻子干透后,先用开刀将多余腻子铲平整,然后用粗砂纸打磨平整。

(3)满刮两遍腻子。第一遍应用胶皮刮板满刮,要求横向刮抹平整、均匀、光滑,密实平整,线角及边棱整齐为度。待第一遍腻子干透后,用粗砂纸打磨平整。

第二遍满刮腻子方法同第一遍,但刮抹方向与前遍腻子相垂直。然后用细砂纸打磨平整、光滑为止。

(4)底层涂料施工应在干燥、清洁、牢固的基层表面上进行,喷涂或滚涂一遍,涂层需均匀,不得漏涂。

(5)涂刷第一遍中层涂料。涂料在使用前应用手提电动搅拌枪充分搅拌均匀。然后将涂料倒入托盘,用涂料辊子蘸料涂刷第一遍。辊子应横向涂刷,然后再纵向滚压,将涂料赶开、涂平。滚涂顺序一般为从上到下,从左到右,先远后近,先边角、棱角、小面后大面。要求厚薄均匀。辊子涂不到的阴角处,需用毛刷补齐,不得漏涂。要随时剔除沾在墙上的辊子毛。第一遍中层涂料施工后,一般需干燥4h以上,才能进行下一道磨光工序。然后,用细砂纸进行打磨。磨后将表面清扫干净。

第二遍中层涂料涂刷与第一遍相同,但不再磨光。涂刷后,应达到一般乳胶漆高级刷浆的要求。

(6)多彩面层喷涂。

多彩涂料在使用前要充分摇动容器,使其充分混合均匀,然后打开容器,用木棍充分搅拌。

喷涂时,喷嘴始终保持与装饰表面垂直,距离约为$0.3\sim0.5$m,喷嘴压力为$0.2\sim0.3$MPa,喷枪呈Z字形向前推进,横纵交叉进行,如图6-2所示。喷枪移动要平稳,涂布量要一致。

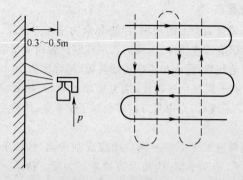

图 6-2　多彩涂料喷涂方法

　　喷涂顺序应为:墙面部位→柱面部位→顶面部位→门窗部位,该顺序应灵活掌握,以不增加重复遮挡和不影响已完成的饰面为准。

　　飞溅到其他部位上的涂料应用棉纱随时清理。

　　喷涂完成后,应用清水将料罐洗净,然后灌上清水喷水,直到喷出的完全是清水为止。用水冲洗不掉的涂料,可用棉纱蘸丙酮清洗。

　　现场遮挡物可在喷涂完成后立即清除。遮挡物与装饰面连为一体时,要注意扯离方向。已趋于干燥的漆膜,应用小刀在遮挡物与装饰面之间划开,以免将装饰面破坏。

二、聚乙烯醇水玻璃内墙涂料施工【高手技能】

1. 基层处理

　　聚乙烯醇水玻璃内墙涂料能在稍潮湿的墙面上涂刷,即墙面的粉刷能在批嵌后 24h 以内结硬,并能进行砂皮打磨。

　　涂刷聚乙烯醇水玻璃涂料前,墙面基层应做好处理。

　　(1)对大模混凝土墙面,虽较平整,但存有水气泡孔,必须进行批嵌,或采用 1∶3∶8(水泥∶纸筋∶珍珠岩砂)珍珠岩砂浆抹面。

　　(2)对砌块和砖砌墙面用 1∶3(石灰膏∶黄砂)刮批,上粉纸筋灰面层,如有龟裂,应满批后方得涂刷。

　　(3)对旧墙面,应清除浮灰,保持光洁。表面若有高低不平、小洞或缺陷处,要进行嵌批后再涂刷,以使整个墙面平整,确保涂料色泽一致,光洁平滑。

嵌批用的腻子,一般采用5%羟甲基纤维素加95%水,隔夜溶解成水溶液,再加老粉调和后批嵌。在喷刷过大白浆或干墙粉墙面上涂刷时,应先铲除干净后,方可涂刷,以免产生起壳、翘度等缺陷。

2. 施工要求

施工要求见表6-28。

表6-28　施工要求

项　　目	要　　求
拌匀涂料	涂料施工温度最好在10℃以上,由于涂料易沉淀分层,使用时必须将沉淀在桶底的填料用棒充分搅拌均匀,方可涂刷
涂料黏度	涂料的黏度随温度变化而变化,天冷黏度增加。在冬期施工若发现涂料有凝冻现象,可适当进行水溶加温到凝冻完全消失后,再进行施工。若106内墙涂料确因蒸发后变稠的,施工时不易涂刷,切勿单一加水,可采用胶结料(乙烯-乙酸乙烯共聚乳液)与温水(1:1)调匀后,适量加入涂料内以改善其可涂性,并作小块试验,检验其黏结力、遮盖力和结膜强度
涂料色彩	施工用的涂料,其色彩应完全一致,施工时应认真检查,发现涂料颜色有深淡,应分别堆放。如果使用两种不同颜色的剩余涂料时,需充分搅拌均匀后,在同一房间内进行涂刷
排笔或漆刷	气温高,涂料黏度小,容易涂刷,可用排笔;气温低,涂料黏度大,不易涂刷,用料要增加,宜用漆刷;也可第一遍用漆刷,第二遍用排笔,使涂层厚薄均匀,色泽一致。操作时用的盛料桶宜用木制或塑料制品,盛料前和用完后,连同漆刷、排笔用清水洗干净,妥善存放。漆刷、排笔亦可浸水存放

三、普通内墙乳胶涂料施工【高手技能】

1. 基面处理

(1)对原有建筑进行涂料涂刷时,对外饰面进行黏结强度测试,黏结强度≥1.0 MPa。基面如果出现空鼓、脱层等现象,应将原有外墙饰面层清除,露出基层墙体重新抹灰,若被油污或浮灰污染需清除,满涂界面剂。

(2)基层含水率<10%,pH值<9.5。

(3)对基面进行全面检查,如抹刀痕迹、粗糙的拐角和边沿、露网等现象,进行修补;墙面不平,应刮补找平腻子。

(4)将混凝土或水泥混合砂浆抹灰面表面上的灰尘、污垢、溅沫和砂浆流痕等清除干净。同时将基层缺棱掉角处,用1:3水泥砂浆修补好;表面麻面及缝隙应用聚乙酸乙烯乳液1份,水泥5份,水1份调合成的腻子填补齐平,并用同样配合比的腻子进行局部刮腻子,待腻子干后,用砂纸磨平。

2. 施工工序

普通内墙乳胶涂料施工工序见表6-29。

表 6-29　普通内墙乳胶涂料施工工序

项次	项　目	工序名称	备　注
1	基层处理	基层清扫 填补孔洞,局部刮腻子 磨光	
2	第一遍满刮腻子	第一遍满刮腻子 磨光	
3	第二遍满刮腻子	第二遍满刮腻子 磨光	
4	第一遍涂料	第一遍涂料 磨光	腻子干透后施工
5	第二遍涂料	第二遍涂料	间隔至少4h

3. 施工要点

施工要点见表6-30。

表 6-30　施工要点

项　目	要　求
刷涂	涂刷方向、距离应一致,接槎应在分格缝处。刷涂一般不少于两道,应在前一道涂料表干后再刷下一道。两道涂料的间隔时间一般为2～4h
喷涂	喷涂施工应根据所用涂料的品种、黏度、稠度、最大粒径等,确定喷涂机具的种类、喷嘴口径、喷涂压力、与基层之间的距离等。一般要求喷枪运行时,喷嘴中心线必须与墙面垂直,喷枪与墙面有规则地平行移动,运行速度应保持一致。涂层的接槎应留在分格缝处。门窗以及不喷涂料的部位,应认真遮挡。喷涂操作一般应连续进行,一次成活

续表 6-30

项　目	要　求
滚涂	滚涂操作应根据涂料的品种、要求的花饰确定辊子的种类。操作时在辊子上蘸少量涂料后,在预涂墙面上上下垂直来回滚动,应避免扭曲蛇行
弹涂	先在基层刷涂 1～2 道底色涂层,待其干燥后进行弹涂。弹涂时,弹涂器的机口应垂直、对正墙面,距离保持 30～50cm,按一定速度自上而下、由左向右弹涂。选用压花型弹涂时,应适时将彩点压平
复层涂料	这是由底层涂料、主涂层、面层涂料组成的涂层
	底层涂料可采用喷、滚、刷涂的任一方法施工。主涂层用喷斗喷涂,喷涂花点的大小、疏密根据需要确定。花点如需压平时,则应在喷点后适时用塑料或橡胶辊蘸汽油或二甲苯压平
	主涂层干燥后,即可涂饰面层涂料。面层涂料一般涂两道,其时间间隔为 2h 左右
	复层涂料的三个涂层可以采用同一材质的涂料,也可由不同材质的涂料组成。面层涂料也可根据对光泽度的不同要求,分别选用水性涂料或溶剂型涂料。有时还可以根据需要增加一道罩光涂料
修整	涂料修整的主要形式有两种,一种是随施工随修整,它贯穿于班前班后和每完成一分格块或一步架子;另一种是整个分部、分项工程完成后,应组织进行全面检查,如发现有"漏涂""透底""流坠"等弊病,应立即修整和处理

四、"幻彩"涂料复层施工【高手技能】

1. 基层处理

基层必须坚实、平整、干燥、洁净。如果是在旧墙面上做幻彩涂料装饰施工,可视墙面的条件区别处理。

(1)旧墙面为油性涂料时,可用细砂布打磨旧涂膜表面,最后清除浮灰和油污等;

(2)旧墙面为乳液型涂料时,应检查墙面有无疏松和起皮脱落处,全面清除污灰油污等并用双飞粉和胶水调成腻子修补墙面;

(3)旧墙面多裂纹和凹坑时,用白乳胶,再加双飞粉和白水泥调成腻子补平缺陷,干燥后再满批一层腻子抹平基面。

2. 底、中涂施工

待基面处理完毕并干燥后,即可进行幻彩涂料的底、中涂料施工。底涂可用刷子刷涂或用胶辊滚涂,一般是一遍成活,但应注意涂层均匀,不要漏涂。其中涂为彩色涂料,可刷涂也可滚涂,一般为两遍成活,第一遍用40％～50％的用水量比例稀释中涂料;第二遍用30％～40％的用水量比例稀释中涂料。中涂料涂层干燥后再用底涂料在中涂面上涂刷一遍。

3. 面涂施工

涂刷花纹的工具可选用刷子、塑料刮片、胶辊或自制小扎把等,其目的是在面涂表面形成美观的纹理和质感效果,面涂施工包括两种情况,见表6-31。

表 6-31 面涂施工

施工方法	内　　　容
手工面涂	首先用刷子或胶辊在约 1m² 的墙面上均匀地涂上幻彩面涂料;根据需要选择一种工具在已刷上面涂料的墙面上进行有规律地涂抹,涂抹纹路要相互交错,着力轻柔均匀,可以按 1m² 为一个单元,涂刷出一种形式的纹理图案,而后再涂刷另一个单元相同效果的花纹,以此类推直至完成整个幻彩涂料装饰面
喷枪喷涂	采用喷枪喷涂做面涂施工时,需使用其专用喷枪,喷嘴为 2.5mm,空气压力泵输出压力调到 2 个大气压。用 10％～20％的水稀释面涂料后加入喷枪料斗中。喷涂时,喷嘴距墙面 600～800mm,先水平方向均匀喷涂一遍,再垂直方向均匀喷涂一遍。如果需要多种色彩,可在第一遍喷涂未干之时即喷一道另一种颜色的面涂料,使饰面形成多彩的迷幻效果

五、高档乳胶漆施工【高手技能】

1. 施工工序

高档乳胶漆施工工序见表6-32。

表 6-32　高档乳胶漆施工工序

项次	阶　　段	工序名称	备　　注
1	基层处理	清扫 填补孔洞,磨平	
2	第一遍满刮腻子	第一遍满刮腻子 磨光	
3	第二遍满刮腻子	第二遍满刮腻子 磨光	
4	封底漆	满涂封底漆	腻子干透后施工
5	第一遍乳胶漆	第一遍乳胶漆 磨光	封底漆至少 4h 后施工
6	第二遍乳胶漆	第二遍乳胶漆	间隔 6～8h 后施工
7	清扫	清除遮挡物,清扫飞溅涂料	

2. 乳胶漆滚涂施工

(1)高档乳胶漆一般是浓缩型的,因而施工时应进行稀释处理。第一遍应稍稀,加水量根据生产厂家要求而定,然后将涂料倒入托盘,用涂料辊子蘸料涂刷。滚涂方法与多彩涂料相同。第一遍施工完后,一般需干燥 6h 以上,才能进行下一道工序。

(2)磨光。与多彩涂料相同。

(3)第二遍乳胶漆应比第一遍稠,具体掺水量根据生产厂家要求而定,施工方法与第一遍相同,若遮盖差,则需打磨后再涂一遍。

3. 涂料喷涂施工

高档乳胶漆采用喷涂施工,效果更好。

(1)喷涂时,乳胶漆需用清水调至合适黏度,具体加水量可根据生产厂家要求而定,采用 1 号喷枪,喷涂压力可调至 0.3～0.5MPa,喷嘴与饰面成 90°角,距离控制在 40～50cm 为宜,喷出的涂料呈浓雾状。喷涂要均匀,不可漏喷,不宜过厚,一般以喷涂两遍为宜。

(2)喷涂顺序:与多彩喷涂相同

(3)施工后,立即用清水洗净辊子及毛刷。喷枪要先清洗其表面,然后灌清水喷水,直到喷出清水为止。洗不掉的乳胶漆可用热水泡洗或用棉丝蘸丙酮擦洗。

六、复层薄抹涂料施工【高手技能】

1. 施工要点

基层表面应平整光洁。若有不平整现象，应以腻子修补。基层应干燥，潮湿基层不能施工。基层表面不得松软，必须具备一定的强度。

2. 施工要求

（1）采用彩色陶土片为主料的进口薄抹材料，在使用之前应先将黏结材料倒入清水中，黏结料与水的配合比为每 100g 黏结剂兑水 3L，搅拌均匀后再将碎片主料掺入，再拌和均匀，静置 15min 后即可用铁抹子进行薄抹施工。

薄抹涂层涂抹后，在常温下需待 2d 左右才可完全干燥。在其干燥的饰面涂层上，再罩一层透明的疏水防尘剂，可喷涂，也可用毛辊或毛刷进行滚涂和刷涂。涂刷要均匀，避免产生气泡和针眼，一道需罩面涂刷 1～2 遍，完活后立即用清水洗手和清洗工具。

（2）薄抹复层涂料施于外墙时，可以进行分格，分格缝一般是在薄抹之前做完。可以在基层表面锯割出沟槽，也可以在薄抹时加设木分格条，待涂膜干燥后再将其取出。

第四节　木制品涂装

一、木器漆品种与工艺【新手技能】

1. 木器漆的品种

木器漆分 5 种，见表 6-33。

表 6-33　木器漆分类

种　类	特　点
硝基清漆	硝基清漆是一种由硝化棉、醇酸树脂、增塑剂及有机溶剂调制而成的透明漆，属挥发性漆，具有干燥快、光泽柔和等特点 硝基清漆分为亮光、半哑光和哑光三种，可根据需要选用。硝基漆也有其缺点：高湿天气易泛白、丰满度低、硬度低

续表 6-33

种 类	特 点
手扫漆	它是由硝化棉、各种合成树脂、颜料及有机溶剂调制而成的一种非透明漆。此漆专为人工施工而配制,更具有快干特征
硝基漆	硝基漆的主要辅助剂: (1)天那水。它是由酯、醇、苯、酮类等有机溶剂混合而成的一种具有香蕉气味的无色透明液体,主要起调和硝基漆及固化作用 (2)化白水。也叫防白水,学名为乙二醇单丁醚。在潮湿天气施工时,漆膜会有发白现象,适当加入稀释剂量 10%～15% 的硝基磁化白水即可消除
聚酯漆	它是用聚酯树脂为主要成膜物制成的一种厚质漆。聚酯漆的漆膜丰满,层厚面硬。聚酯漆同样也有清漆品种,叫聚酯清漆 聚酯漆在施工过程中需要进行固化,这些固化剂的分量占漆总分量的三分之一。这些固化剂也称为硬化剂,其主要成分是 TDI(甲苯二异氰酸酯)
聚氨酯漆	聚氨酯漆即聚氨基甲酸漆。它漆膜强韧,光泽丰满,附着力强,耐水、耐磨、耐腐蚀,被广泛用于高级木器家具,也可用于金属表面。其缺点主要有遇潮起泡、漆膜粉化等;与聚酯漆一样,也存在着变黄的问题。聚氨酯漆的清漆品种称为聚氨酯清漆

2. 施工工艺

(1)清漆施工工艺。

清理木器表面→磨砂纸打光→上润油粉→用砂纸打磨→满刮第一遍腻子,砂纸磨光→满刮第二遍腻子,细砂纸磨光→涂刷油色→刷第一遍清漆→拼找颜色,复补腻子,细砂纸磨光→刷第二遍清漆,细砂纸磨光→刷第三遍清漆、磨光→水砂纸打磨退光,打蜡,擦亮。

(2)混色施工工艺。

首先清扫基层表面的灰尘,修补基层→用磨砂纸打平→节疤处打漆片→打底刮腻子→涂干性油→第一遍满刮腻子→磨光→涂刷底层涂料→底层涂料干硬→涂刷面层→复补腻子进行修补→磨光擦净→涂刷第二遍涂料→磨光→第三遍面漆抛光打蜡。

二、木料表面清漆涂料施涂【高手技能】

1. 工艺流程

基层处理→润色油粉→满刮油腻子→刷油色→刷第一遍清漆（刷清漆、修补腻子、修色、磨砂纸）→安装玻璃→刷第二遍清漆→刷第三遍清漆。

2. 施工要点

木料表面清漆涂料施涂施工要点见表6-34。

表 6-34　施工要点

项　　目	施 工 要 点
基层处理	首先将木门窗和木料表面基层面上的灰尘、油污、斑点、胶迹等用刮刀或碎玻璃片刮除干净。然后用1号以上砂纸顺木纹打磨，先磨线角，后磨四口平面，直到光滑为止。木门窗基层有小块活翘皮时，可用小刀撕掉。重皮的地方应用小钉子钉牢固，如重皮较大或有烤糊印疤，应由木工修补
润色油粉	用大白粉24份，松香水16份，熟桐油2份等混合搅拌成色油粉，盛在小油桶内。用棉丝蘸油粉反复涂于木料表面，擦进木料鬃眼内，而后用麻布或木丝擦净，线角应用竹片除去余粉。待油粉干后，用1号砂纸轻轻顺木纹打磨，先磨线角、裁口，后磨四口平面，直到光滑为止。注意保护棱角，不要将鬃眼内油粉磨掉。磨完后用潮布将磨下的粉末、灰尘擦净
满刮油腻子	抹腻子的质量配合比为石膏粉20份，熟桐油7份，水50份，并加颜料调成油色腻子（颜色浅于样板1～2色），要注意腻子油性不可过大或过小。用开刀或牛角板将腻子刮入钉孔、裂纹、鬃眼内。刮抹时要横抹竖起，如遇接缝或节疤较大时，应用开刀、牛角板将腻子挤入缝内，然后抹平。腻子一定要刮光，不留野腻子

续表 6-34

项 目	施 工 要 点
刷油色	将铅油(或调和漆)、汽油、光油、清油等混合在一起过箩,然后倒在小油桶内,使用时经常搅拌,以免沉淀造成颜色不一致 刷油色时,应从外至内,从左至右,从上至下进行,顺着木纹涂刷。刷门窗框时不得污染墙面,刷到接头处要轻飘,达到颜色一致;因油色干燥较快,所以刷油色时动作应敏捷,要求无缕无节,横平竖直,刷油过刷子要轻飘,避免出刷络。刷木窗时,刷好框子上部后再刷亮子;亮子全部刷完后,将梃钩钩住,再刷窗扇;如为双扇窗,应先刷左扇后刷右扇;三扇窗最后刷中间扇,纱窗扇先刷外面后刷里面。刷木门时,先刷亮子后刷门框、门扇背面,刷完后用木楔将门扇固定,最后刷门扇正面;全部刷好后,检查是否有漏刷,小五金上沾染的油要及时擦净。油色涂刷后,要求与木材色泽一致,而又不盖住木纹,所以每一个刷面一定要一次刷好,不留接头,两个刷面交接棱口不要互相沾油,沾油后要及时擦掉,达到颜色一致
刷第一遍清漆	(1)刷清漆:刷法与刷油色相同,但刷第一遍用的清漆应略加一些稀料便于快干。刷时要注意不流、不坠,涂刷均匀。待清漆完全干透后,用1号或旧砂纸彻底打磨一遍,将头遍清漆面上的光亮基本打磨掉,再用潮布将粉尘擦净 (2)修补腻子:一般要求刷油色后不抹腻子,特殊情况下,可以使用油性略大的带色石膏腻子,修补残缺不全之处,操作时必须使用牛角板刮抹,不得损伤漆膜,腻子要收刮干净,光滑无腻子疤 (3)修色:木料表面上的黑斑、节疤、腻子疤和材色不一致处,应用漆片、酒精加色调配,或由浅到深清漆调和漆和稀释剂调配,进行修色;材色深的应修浅,浅的应提深,将深浅色的木料拼成一色,并绘出木纹 (4)磨砂纸:使用细砂纸轻轻往返打磨,然后用湿布擦净粉末
刷第二遍清漆	应使用原桶清漆不加稀释剂,刷油操作同前,但刷油动作要敏捷、多刷多理,漆涂刷得饱满一致,不流不坠,光亮均匀,刷完后再仔细检查一遍,有毛病要及时纠正。刷此遍清漆时,周围环境要整洁,宜暂时禁止通行,最后将木门窗用梃钩钩住或用木楔固定牢固

续表 6-34

项　　目	施　工　要　点
刷第三遍清漆	待第二遍清漆干透后,首先要进行磨光,然后过水布,最后刷第三遍清漆,刷法同前
冬期施工	室内涂饰工程,应在采暖条件下进行,室温保持均衡,一般涂料施工的环境温度不宜低于 10℃,相对湿度不宜大于 60％,不得有突然变化。同时应设专人负责测温和开关门窗,以利通风排除湿气

3. 施工注意事项

(1)高空作业超过 2m 应按规定搭设脚手架。施工前要进行检查是否牢固。使用的人字梯应四角落地,摆放平稳,梯脚应设防滑橡皮垫和保险链。人字梯上铺设脚手板,脚手板两端搭设长度不得少于20cm,脚手板中间不得同时两人操作。梯子挪动时,作业人员必须下来,严禁站在梯子上踩高跷式挪动,人字梯顶部铰轴不准站人,不准铺设脚手板。人字梯应当经常检查,发现开裂、腐朽、楔头松动、缺档等,不得使用。

(2)油漆施工前应集中工人进行安全教育,并进行书面交底。

(3)施工现场严禁设涂料仓库,场外的涂料仓库应有足够的消防设施。

(4)施工现场应有严禁烟火的安全措施,现场应设专职安全员监督确保施工现场无明火。

(5)每天收工后应尽量不剩涂料,剩余涂料不准乱倒,应收集后集中处理。废弃物按环保要求分类处置。

(6)现场清扫设专人洒水,不得有扬尘污染。打磨粉尘用潮布擦净。

(7)施工现场周边应根据噪声敏感区域的不同,选择低噪声设备或其他措施,同时应按国家有关规定控制施工作业时间。

(8)涂刷作业时操作工人应配戴相应的保护设施,如防毒面具、口罩、手套等。以免危害工人的肺、皮肤等。

(9)严禁在民用建筑工程室内用有机溶剂清洗施工用具。

(10)涂料使用后,应及时封闭存放,废料应及时清出室内,施工时室内应保持良好通风,但不宜过堂风。

(11)民用建筑工程室内装修中,进行饰面人造木板拼接施工时,除芯板为 A 类外,应对其断面及无饰面部位进行密封处理。

三、木基层清漆磨退的施工方法【高手技能】

1. 木基层清漆磨退的施工步骤

(1)基层处理。表面清理干净后,磨一遍砂纸,应磨光、磨平。阴阳角胶迹要清除,阳角要倒棱、磨圆,上下一致。

(2)润油粉。油粉是根据样板颜色用清油、熟桐油、黑漆、汽油加大白粉、红土子、地板黄等材料按比例配成。油糊不可调得太稀,以糊状为宜。润油粉用麻丝搓擦将棕眼填平,包括边、角都应润到、擦净。

(3)满刮色腻子。用润油粉调色石膏腻子,颜色按设计要求刮一遍。刮腻子不应漏刮。待腻子干后,用 1 号、2 号、3 号砂纸打磨三遍,打磨平整,不得有砂纸划痕。

批刮第二遍腻子后,应用砂纸磨平磨光,做到木纹清晰、棱角不破,每磨一次都应立即擦净,直至光平无棕眼。

(4)刷醇酸清漆。醇酸清漆应涂刷四遍、六遍或八遍。涂刷时应横平竖直,厚薄均匀,木纹通顺,不漏刷、不流坠。

第一遍涂料干后,用 1 号砂纸打磨平整。对于腻子疤、钉眼等缺陷,应用漆片修色。

第二遍涂料干后,用 1 号砂纸打磨平。如还存在缺陷,应修补好。

第三遍涂料干后,用 280 号水砂纸打磨。

第四遍涂料干后,要等待 48h 后,用 280～320 号水砂纸打磨,磨平、磨光。

最后刷罩面漆不要打蜡。

(5)刷丙烯酸清漆。丙烯酸清漆按甲组：乙组＝4：6 的比例进行调配,并可根据气候适量加入稀释剂。刷涂时要求动作敏捷,刷纹通顺,厚薄均匀,不漏刷、不流坠。

第一遍涂料干后,用 320 号水砂纸打磨。磨完后用湿布擦净。

第二遍涂料可在第一遍涂料刷后 4～6h 开始,待其干后用 320～380 号水砂纸打磨。从有光至无光,直至断斑,不得磨破棱角,磨后用湿布擦净。

(6)打砂蜡。将配制好的砂蜡用双层呢布头蘸擦,擦时应用力均匀,直至擦到不见亮斑为止,不可漏擦,擦后清除浮蜡。

(7)擦上光蜡。用干净白布擦上光蜡,应擦匀擦净,直至擦亮为止。

2. 施工注意事项

在涂刷每一遍涂料时,都应保持环境清洁卫生,刮大风天气或清理地面时不应施工。

四、木基层混色涂料的施工方法【高手技能】

1. 混色涂料施工工艺

首先清扫基层表面的灰尘,修补基层→用磨砂纸打平→节疤处打漆片→打底刮腻子→涂干性油→第一遍满刮腻子→磨光→涂刷底层涂料→底层涂料干硬→涂刷面层→复补腻子进行修补→磨光擦净,涂刷第二遍涂料→磨光→第三遍面漆→抛光打蜡。

2. 施工要点

木基层混色涂料的施工要点见表 6-35。

表 6-35　施工要点

项　　目	施　工　要　点
基层处理	木材面的木毛、边棱用 1 号以上砂纸打磨,先磨线角后磨平面,要顺木纹打磨,如有小活翘皮、重皮处则可嵌胶粘牢。在节疤和油渍处,用酒精漆片点刷
刷底子油	清油中可适当加颜料调色,避免漏刷。涂刷顺序为:从外至内,从左至右,从上至下,顺木纹涂刷
擦腻子	腻子多为石膏腻子。腻子应不软不硬、不出蜂窝,挑丝不倒为宜。批刮时应横抹竖起,将腻子刮入钉孔及裂缝内。如果裂缝较大,应用牛角板将裂缝用腻子嵌满。表面腻子应刮光,无残渣
磨砂纸	用 1 号砂纸打磨。打磨时应注意不可磨穿涂膜并保护棱角。磨完后用湿布擦净,对于质量要求比较高的,可增加腻子及打磨的遍数

续表 6-35

项　目	施　工　要　点
刷第一遍厚漆	将调制好的厚漆涂刷一遍。其施工顺序与刷底子油的施工顺序相同。应当注意厚漆的稠度以达到盖底、不流淌、无刷痕为准。涂刷时应厚薄均匀 厚漆干透后，对底腻子收缩或残缺处，再用石膏腻子抹刮一次。待腻子干透后，用砂纸磨光
刷第二遍厚漆	涂刷第二遍厚漆的施工方法与第一遍相同
刷调和漆	涂刷方法与厚漆施工方法相同。由于调和漆稠度较大，涂刷时要多刷多理，挂漆饱满，动作敏捷，使涂料涂刷得光亮、均匀、色泽一致。刷完后仔细检查一遍，有毛病应及时修整

五、木料表面施涂丙烯酸清漆【高手技能】

木料表面施涂丙烯酸清漆施工要点见表 6-36。

表 6-36　施工要点

项　目	施　工　要　点
基层处理	首先清除木料表面的尘土和油污。如木料表面沾污机油，可用汽油或稀料将油污擦洗干净。清除尘土、油污后用砂纸打磨，大面可用砂纸包 5cm 见方的短木垫着磨。要求磨平、磨光，并清扫干净
润油粉	油粉是根据样板颜色用钛白粉、红土粉、黑漆、地板黄、清油、光油等配制而成。油粉调得不可太稀，以调成粥状为宜。润油粉刷擦均可，擦时用麻绳断成 30～40cm 长的麻头来回揉擦，包括边、角等都要擦润并擦净。线角用牛角板刮净
满刮色腻子	色腻子由石膏、光油、水和石性颜料调配而成。色腻子要刮到、收净，不应漏刮
磨砂纸	待腻子干透后，用 1 号砂纸打磨平整，磨后用干布擦抹干净。再用同样的色腻子满刮第二道，要求和刮头道腻子相同。刮后用同样的色腻子将钉眼和缺棱掉角处补抹腻子，抹得饱满平整。干后磨砂纸，打磨平整，做到木纹清晰，不得磨破棱角，磨完后清扫，并用湿布擦净、晾干
刷第 1～4 道醇酸清漆	涂膜厚薄均匀，不流不坠，刷纹通顺，不得漏刷。每道漆间隔时间一般夏季约 6h，春、秋季约 12h，冬季约为 24h 左右，有条件时时间稍长一点更好

续表 6-36

项　目	施工要点
点漆片修色	对钉眼、节疤进行拼色,使整个表面颜色一致
刷第 1～2 道丙烯酸清漆	用羊毛排笔顺纹涂刷,涂膜要厚度适中、均匀一致,不得流淌、过边、漏刷。第 1 道至第 2 道刷漆时间间隔一般夏季应控制在约 6h,春、秋季约 12h,冬季约为 24h 左右,有条件时时间稍长一点更好
磨水砂纸	涂料刷 4～6h 后用 280～320 号水砂纸打磨,要磨光、磨平并擦去浮粉
打砂蜡	首先将原砂蜡掺煤油调成粥状,用双层呢布头蘸砂蜡往返多次揉擦,力量要均匀,边角线都要揉擦,不可漏擦,棱角不要磨破,直到不见亮星为止。最后用干净棉丝蘸汽油将浮蜡擦净
擦上光蜡	用干净白布将上光蜡包在里面,收口扎紧,用手揉擦、擦匀、擦净,直至光亮为止
冬期施工	室内涂饰工程应在采暖条件下进行,室温保持均衡,不宜低于10℃,且不得突然变化。应设专人负责测量和开关门窗,以利通风排除湿气

六、木料表面施涂混色磁漆磨退【高手技能】

木料表面施涂混色磁漆磨退施工要点见表 6-37。

表 6-37　施工要点

项　目	施工要点
基层处理	首先用开刀或碎玻璃片将木料表面的油污、灰浆等清理干净,然后磨一遍砂纸,要磨光、磨平,木毛要磨掉,阴阳角胶迹要清除,阳角要倒棱、磨圆,上下一致
操底油	底油由光油、清油、汽油拌合而成,要涂刷均匀,不可漏刷。石膏腻子在拌和腻子时可加入适量醇酸磁漆。干燥后磨砂纸,将野腻子磨掉,清扫并用湿布擦净。满刮石膏腻子,用刮腻子板满刮一遍,要刮光、刮平。干燥后磨砂纸,将野腻子磨掉,清扫并用湿布擦净。满刮第二道腻子,大面用钢片刮板刮,要平整光滑。小面处用开刀刮,阴角要直。腻子干透后,用零号砂纸磨平、磨光;清扫并用湿布擦净

续表 6-37

项　目	施工要点
刷第一道醇酸磁漆	头道漆可加入适量醇酸稀料调得稍稀,要注意横平竖直涂刷,不得漏刷和流坠,待漆干透后进行磨砂纸,清扫并用湿布擦净。如发现有不平之处,要及时复抹腻子,干燥后局部磨平、磨光,清扫并用湿布擦净。刷每道漆间隔时间,应根据当时气温而定,一般夏季约 6h,春、秋季约 12h,冬季约为 24h
刷第二道醇酸磁漆	刷这一道不加稀料,注意不得漏刷和流坠。干透后磨水砂纸,如表面痱子疙瘩多,可用 280 号水砂纸磨。如局部有不光、不平处,应及时复补腻子,待腻子干透后,磨砂纸,清扫并用湿布擦净。刷完第二道漆后,便可进行玻璃安装工作
刷第三道醇酸磁漆	刷法与要求同第二道,这一道可用 320 号水砂纸打磨,但要注意不得磨破棱角,要达到平和光,磨好以后应清扫并用湿布擦净
刷第四道醇酸磁漆	刷漆的方法与要求同上。刷完 7d 后应用 320~400 号水砂纸打磨,磨时用力要均匀,应将刷纹基本磨平,并注意棱角不得磨破,磨好后清扫并用湿布擦净待干
打石蜡	先将原石蜡加入煤油化成粥状,然后用棉丝蘸上砂蜡涂布满一个门面或窗面,用手按棉丝来回揉擦往返多次,揉擦时用力要均匀,擦至出现暗光,大小面上下一致为准,最后用棉丝蘸汽油将浮蜡擦洗干净
擦上光蜡	用干净棉丝蘸上光蜡薄薄地抹一层,注意要擦匀擦净,达到光泽饱满为止
冬期施工	室内涂饰工程应在采暖条件下进行,室温保持均衡,不宜低于 10℃,且不得突然变化。应设专人负责测量和开关门窗,以利通风排除湿气

第五节　美术涂饰工程

一、一般规定【新手技能】

(1)美术涂饰一般分为中级和高级两级,并在一般涂料工程完成的基础上进行。

（2）涂饰的色调和图案随环境需要选择，在正式施工前应做样板，方可大面积施工。

（3）套色漏花是在刷好色浆的基础上进行的。用特制的漏板，按美术形式，有规律地将各种颜色喷（刷）在墙面上。

（4）套色漏花按施工方法可分为两种，一是喷涂法，二是刷涂法。一般宜用喷印方法进行，并按分色顺序喷印。前套漏板喷印完，待涂料（或浆料）稍干后，方可进行下套漏板的喷印。

二、材料要求【新手技能】

（1）涂料：光油、清油、铅油、各色油性调和漆（酯胶调和漆、酚醛调和漆、醇酸调和漆等），或各色无光调和漆等，应有产品合格证、出厂日期及使用说明。

（2）稀释剂：汽油、煤油、松香水、酒精、醇酸稀料等与涂料相应配套的稀料。

（3）各色颜料应耐碱、耐光。

三、施工要点【高手技能】

美术涂饰工程施工要点见表 6-38。

表 6-38　施工要点

项　　目	要　　点
仿木纹	仿木纹一般是仿硬质木材的木纹如黄菠萝、水曲柳、榆木、核桃等木纹，通过专用工具和工艺手法用涂料涂饰在内墙面上。涂饰完成后，似镶木质墙裙；在木门窗表面上，亦可用同样方法涂饰仿木纹
仿石纹	仿石纹，又称"假大理石" （1）一种方法是，用丝棉经温水浸泡后，拧去水分，用手甩开使之松散，以小钉挂在墙面上，并将丝棉理成如大理石的各种纹理状。涂料的颜色一般以底层涂料的颜色为基底，再喷涂深、浅两色，喷涂的顺序是浅色＋深色＋白色，共为三色。喷完后即将丝棉揭去，墙面上即显出细纹大理石纹 （2）另一种方法是，在底层涂有白色涂料的面上，再刷一道浅灰色涂料，未干燥时就在上面刷上黑色的粗条纹，条纹要曲折不能端直。在涂料将干未干时，用干净刷子把条纹的边线刷混，刷到隐约可见，使两种颜色充分调和 喷涂大理石纹，可用干燥快的涂料；刷涂大理石纹，可用伸展性好的涂料，因伸展性好，才能化开刷纹 仿木纹或仿石饰纹涂饰完成后，表面均应涂饰一遍罩面清漆

续表 6-38

项 目	要 点
涂饰鸡皮皱面层	(1)底层上涂上拍打鸡皮皱纹的涂料,其配合比目前常用的为:清油 15 份、钛白粉 26 份、麻斯面(双飞粉)54 份、松节油 5 份 (2)涂刷面层的厚度为 1.5～2.0mm,刷鸡皮皱涂料和拍打鸡皮皱纹应同时进行。即前边一人涂刷,后边一人随着拍打。起粒大小应均匀一致
拉毛面层	(1)墙面底层要做到表面嵌补平整。用血料腻子加石膏粉或熟桐油的菜胶腻子。用钢皮或木刮尺满刮。要严格控制腻子的厚度,一般办公室卧室等面积较小的房间,腻子的厚度不应超过 5mm;公共场所及大型建筑的内墙墙面,腻子厚度要求 20～30mm。不等腻子干燥,立即用长方形的猪鬃毛板刷拍拉腻子,使其头部有尖形的花纹。再用长刮尺把尖头轻轻刮平,即成表面有平整感觉的花纹。根据需要涂刷各种涂料或粉浆,在涂刷涂料、粉料前必须刷清油或胶料水润滑。涂刷时应用新的排笔或油刷,以防流坠 (2)石膏油拉毛:在基层清扫干净后,应刷一遍底油。刮石膏油时,要满刮并严格控制厚度,表面要均匀平整。剧院、娱乐场、体育馆等大型建筑的内墙一般要求大拉毛,石膏油应刮厚些,其厚度为 15～25mm;办公室等较小房间的内墙,一般为小拉毛,石膏油的厚度应控制在 5mm 以下 石膏油刮上后,随即用腰圆形长猪鬃刷子捣到、捣匀,使石膏油厚薄一致。紧跟着进行拉抓,即形成高低匀的毛面。如石膏油拉毛面要求涂刷各色涂料时,应先刷一遍清油,由于拉毛面涂刷困难,最好采用喷涂法,但应将涂料适当调稀,以便操作。石膏必须先过箩。石膏油如过稀,出现流淌时,可加入石膏粉调整

第六节　涂饰工程施工质量验收

一、一般规定【高手技能】

1. 各分项工程检验批划分

(1)室外涂饰工程每一栋楼的同类涂料涂饰的墙面每 500～1000m² 应划分为一个检验批,不足 500m² 也应划分为一个检验批。

（2）室内涂饰工程同类涂料涂饰的墙面每 50 间（大面积房间和走廊按涂饰面积 30 m^2 为一间）应划分为一个检验批，不足 50 间也应划分为一个检验批。

2. 检查数量

（1）室外涂饰工程每 100 m^2 应至少检查一处，每处不得小于 10 m^2。

（2）室内涂饰工程每个检验批应至少抽查 10％，并不得少于 3 间；不足 3 间时应全数检查。

3. 涂饰工程的基层处理要求

（1）新建筑物的混凝土或抹灰基层在涂饰涂料前应涂刷抗碱封闭底漆。

（2）旧墙面在涂饰涂料前应清除疏松的旧装饰层，并涂刷界面剂。

（3）混凝土或抹灰基层涂刷溶剂型涂料时，含水率不得大于 8％；涂刷乳液型涂料时，含水率不得大于 10％。木材基层的含水率不得大于 12％。

（4）基层腻子应平整、坚实、牢固，无粉化、起皮和裂缝；内墙腻子的黏结强度应符合《建筑室内用腻子》(JG/T 298—2010)的规定。

（5）厨房、卫生间墙面必须使用耐水腻子。

4. 其他要求

（1）水性涂料涂饰工程施工的环境温度应在 5℃～35℃。

（2）涂饰工程应在涂层养护期满后进行质量验收。

二、水性涂料涂饰工程施工质量验收【高手技能】

适用于乳液型涂料、无机涂料、水溶性涂料等水性涂料涂饰工程的质量验收。

1. 主控项目

主控项目内容及验收要求见表 6-39。

表 6-39　主控项目内容及验收要求

项次	项目内容	规范编号	质量要求	检查方法
1	材料质量	第 10.2.2 条	水性涂料涂饰工程所用涂料的品种、型号和性能应符合设计要求	检查产品合格证书、性能检测报告和进场验收记录

续表 6-39

项次	项目内容	规范编号	质量要求	检查方法
2	涂饰颜色和图案	第10.2.3条	水性涂料涂饰工程的颜色、图案应符合设计要求	观察
3	涂饰综合质量	第10.2.4条	水性涂料涂饰工程应涂饰均匀、黏结牢固,不得漏涂透底、起皮和掉粉	观察;手摸检查
4	基层处理	第10.2.5条	水性涂料涂饰工程的基层处理应符合本规范第10.1.5条的要求	观察;手摸检查;检查施工记录

2. 一般项目

(1)薄涂料的涂饰质量和检验方法应符合表 6-40 的规定。

表 6-40 薄涂料的涂饰质量和检验方法

项次	项目内容	普通涂饰	高级涂饰	检验方法
1	颜色	均匀一致	均匀一致	
2	泛碱、咬色	允许少量轻微	不允许	
3	流坠、疙瘩	允许少量轻微	不允许	观察
4	砂眼、刷纹	允许少量轻微砂眼,刷纹通顺	无砂眼,无刷纹	
5	装饰线、分色线直线度允许偏差/mm	2	1	拉5m线,不足 5m 拉通线,用钢直尺检查

(2)厚涂料的涂饰质量和检验方法应符合表 6-41 的规定。

表 6-41 厚涂料的涂饰质量和检验方法

项次	项 目	普通涂饰	高级涂饰	检验方法
1	颜色	均匀一致	均匀一致	
2	泛碱、咬色	允许少量轻微	不允许	观察
3	点状分布	—	疏密均匀	

（3）复层涂料的涂饰质量和检验方法见表 6-42。

表 6-42 复层涂料的涂饰质量和检验方法

项次	项目	质量要求	检验方法
1	颜色	均匀一致	
2	泛碱、咬色	不允许	观察
3	喷点疏密程度	均匀，不允许连片	

（4）涂层与其他装修材料和设备衔接处应吻合，界面应清晰。

三、溶剂型涂料涂饰工程施工质量验收【高手技能】

适用于丙烯酸酯涂料、聚氨酯丙烯酸涂料、有机硅丙烯酸涂料等溶剂型涂料涂饰工程的质量验收。

1. 主控项目

主控项目内容及验收要求见表 6-43。

表 6-43 主控项目内容及验收要求

项次	项目内容	规范编号	质量要求	检查方法
1	涂料质量	第10.3.2条	溶剂型涂料涂饰工程所选用涂料的品种、型号和性能应符合设计要求	检查产品合格证书、性能检测报告和进场验收记录
2	颜色、光泽、图案	第10.3.3条	溶剂型涂料涂饰工程的颜色、光泽、图案应符合设计要求	观察
3	涂饰综合质量	第10.3.4条	溶剂型涂料涂饰工程应涂饰均匀、黏结牢固，不得漏涂、透底、起皮和返锈	观察；手摸检查
4	基层处理	第10.3.5条	溶剂型涂料涂饰工程的基层处理应符合本节细节一中3的要求	观察；手摸检查；检查施工记录

2. 一般项目

（1）色漆的涂饰质量和检验方法应符合表 6-44 的规定。

表 6-44　色漆的涂饰质量和检验方法

项次	项　　目	普通涂饰	高级涂饰	检验方法
1	颜色	均匀一致	均匀一致	观察
2	光泽、光滑	光泽基本均匀光滑无挡手感	光泽均匀一致光滑	观察、手摸检查
3	刷纹	刷纹通顺	无刷纹	观察
4	裹棱、流坠、皱皮	明显处不允许	不允许	观察
5	装饰线、分色线直线度允许偏差/mm	2	1	拉 5m 线，不足 5m 拉通线，用钢直尺检查

注：无光色漆不检查光泽

（2）清漆的涂饰质量和检验方法应符合表 6-45 的规定。

表 6-45　清漆的涂饰质量和检验方法

项次	项　　目	普通涂饰	高级涂饰	检验方法
1	颜色	基本一致	均匀一致	观察
2	木纹	棕眼刮平、木纹清楚	棕眼刮平、木纹清楚	观察
3	光泽、光滑	光泽基本均匀光滑无挡手感	光泽均匀一致光滑	观察、手摸检查
4	刷纹	无刷纹	无刷纹	观察
5	裹棱、流坠、皱皮	明显处不允许	不允许	观察

（3）涂层与其他装修材料和设备衔接处应吻合，界面应清晰。

四、美术涂饰工程施工质量验收【高手技能】

适用于套色涂饰、滚花涂饰、仿花纹涂饰等室内外美术涂饰工程的质量验收。

1. 主控项目

主控项目内容及验收要求见表 6-46。

表 6-46 主控项目内容及验收要求

项次	项目内容	规范编号	质量要求	检查方法
1	材料质量	第10.4.2条	美术涂饰所用材料的品种、型号和性能应符合设计要求	观察：检查产品合格证书、性能检测报告和进场验收记录
2	涂饰综合质量	第10.4.3条	美术涂饰工程应涂饰均匀、黏结牢固，不得漏涂、透底、起皮、掉粉和返锈	观察：手摸检查
3	基层处理	第10.4.4条	美术涂饰工程的基层处理应符合本规范第10.1.5条的要求	观察：手摸检查；检查施工记录
4	套色、花纹、图案	第10.4.5条	美术涂饰的套色、花纹和图案应符合设计要求	观察

2. 一般项目

一般项目内容及验收要求见表 6-47。

表 6-47 一般项目内容及验收要求

项次	项目内容	规范编号	质量要求	检查方法
1	表面质量	第10.4.6条	美术涂饰表面应洁净，不得有流坠现象	观察
2	仿花纹理涂饰表面质量	第10.4.7条	仿花纹涂饰的饰面应具有被模仿材料的纹理	观察
3	套色涂饰图案	第10.4.8条	套色涂饰的图案不得移位，纹理和轮廓应清晰	观察

第七章　防火、防腐涂料施工

第一节　底材表面处理方法

一、钢材的表面处理【新手技能】

1. 基本处理要求

钢铁器件为了提高涂层的防锈和防腐蚀能力,表面处理非常重要。属于表面净化处理方法的有除油、除锈、除旧漆;属于化学处理方法的有磷化、钝化等。

(1)对底材要进行严格而完善的表面处理。钢铁和设备等一般要经过除锈、除油、酸洗、磷化等处理。前两项处理是任何涂装都必需的,后两项视具体情况而定。

(2)必要的涂装厚度。防腐蚀涂层的厚度必须超过其临界厚度才能发挥防护作用,一般以 $150\sim200\mu m$ 为宜。

(3)控制涂装现场温度、湿度等环境因素。

(4)控制涂装间隔时间。若底漆(如环氧聚酰胺漆)放置太久才涂面漆,面漆将难以附着,影响层间附着力。此外,应考虑涂层之间的重涂适应性。涂膜的耐久性与耐腐蚀性通常与膜厚成正比,不同地区要求的涂膜厚度为:

1)农村地区 $75\mu m$(涂 $2\sim3$ 道漆)。

2)一般工业地区 $125\mu m$(涂 $3\sim4$ 道漆)。

3)相当强的腐蚀环境 $250\mu m$ 以上(涂 $5\sim6$ 道漆)。

4)受海水浸渍或飞溅的区域 $500\mu m$ 以上(涂 $6\sim7$ 道漆)。

2. 除油

根据油污情况,选用成本低、溶解力强、毒性小且不易燃的溶剂。常用的有 200 号石油溶剂油、松节油、三氯乙烯、四氯乙烯、四氯化碳、二氯甲烷、三氯乙烷、三氟三氯乙烷等。

3. 除锈

除锈的方法主要见表 7-1。

表 7-1　除锈方法

除锈方法	内　容
手工打磨除锈	能除去松动、翘起的氧化皮，疏松的锈及其他污物
机械除锈	可以用来清除氧化皮、锈层、旧漆层及焊渣等。其特点是操作简便，比手工除锈效率高。常用的除锈设备有以下几种： （1）钢板除锈机：制件在一对快速转动的金属丝滚筒间通过，靠丝刷与钢材表面的快速摩擦，除去制件板面的锈蚀层 （2）手提式钢板除锈机：由电动机通过软轴带动钢丝轮与钢材表面摩擦而除锈 （3）滚筒除锈机：靠滚筒转动使磨料与钢材表面相互冲击、摩擦而除锈。现在还用喷砂除锈，并且是一种重要的除锈方式
化学除锈	通常称为酸洗，是以酸溶液促使钢材表面锈层发生化学变化并溶解在酸液中，从而达到除锈目的。常用的有浸渍、喷射、涂覆 3 种处理方式
除锈剂除锈	常用络合除锈剂，既可在酸性条件下进行，也可在碱性条件下进行，前者还适合于除油、磷化等综合表面处理

二、木材的表面处理【新手技能】

木材的表面处理包括表面刨平及打磨、去除木毛、清除木脂和防霉，具体做法见表 7-2。

表 7-2　木材表面处理

项目	做　法
表面刨平及打磨	用机械或手工进行刨平，然后打磨。首先将 2 块新砂纸的表面相互摩擦，以除去偶然存在的粗砂粒，然后再用砂纸进行打磨，打磨时用力要均匀一致。打磨完毕后用抹布擦净木屑等杂质
去除木毛	要除去木毛，需先用温水湿润木材表面，再用棉布先逆着纤维纹擦拭木材表面，使木毛竖起，并使之干燥变硬，然后再用 120～140 号砂纸打磨，如果需要抛光或精细加工的表面，去除木毛的工作要重复 2 次

续表 7-2

项目	做 法
清除木脂	清除木脂的方法:先用铲刀将析出的木脂铲除清洁,然后用有机溶剂如苯、甲苯、二甲苯、丙酮等擦拭,使木脂溶解,再用干布擦拭清洁
防霉	为了避免木材长时间受潮而出现霉菌,可在施工前先薄涂一层防霉剂。例如,用乙基磷酸汞、氯化酚或对甲苯氨基磺酰溶液来处理,待干透以后,再进行防火涂料的施工

三、水泥混凝土的表面处理【新手技能】

水泥混凝土的表面处理见表 7-3。

表 7-3 混凝土表面处理

项目	内 容
新混凝土表面	新混凝土表面至少要经过 2～3 个星期的干燥,使水分蒸发、盐分析出之后才能开始涂装。如需缩短工期,可采用 15%～20% 的硫酸锌或氯化锌溶液或氨基磺酸溶液涂刷水泥表面数次,待干后除去析出的粉质和浮粒;也可用 5%～10% 的稀盐酸溶液喷淋,再用清水洗涤干燥,此外也可用耐碱的底漆事先进行封闭
旧混凝土表面	可用钢丝刷去除浮粒,如果水泥混凝土表面有较深的裂缝或凹凸不平处,先用极稀的氢氧化钠溶液清洗油垢,并用水冲洗干燥,再用防火涂料或其他防火材料填补堵平后,方可进行涂装

第二节 钢构件涂装技术

一、涂料施工要求【新手技能】

1. 防腐涂料施工

(1)钢材表面要求。

涂装前钢材表面除锈应符合设计要求和国家现行有关标准的规定。处理后的钢材表面不应有焊渣、焊疤、灰尘、油污、水和毛刺等。当设计无要求时,钢材表面除锈等级应符合表 7-4 的规定。

表 7-4　各种底漆或防锈漆要求最低的除锈等级

涂 料 品 种	除锈等级
油性酚醛、醇酸等底漆或防锈漆	St2
高氯化聚乙烯、氯化橡胶、氯磺化聚乙烯、环氧树脂、聚氨酯等底漆或防锈漆	Sa2
无机富锌、有机硅、过氯乙烯等底漆	Sa2.5

（2）涂装施工。

涂料、涂装遍数、涂层厚度均应符合设计要求。当设计对涂层厚度无要求时，涂层干漆膜总厚度：室外应为 $150\mu m$，室内应为 $125\mu m$，其允许偏差为 $-25\mu m$。每遍涂层干漆膜厚度的允许偏差为 $-5\mu m$。

（3）涂层外观构件表面不应误涂、漏涂，涂层不应脱皮和返锈等。涂层应均匀、无明显皱皮、流坠、针眼和气泡等。

（4）涂层附着力测试。

1）当钢结构处在有腐蚀介质环境或外露且设计有要求时，应进行涂层附着力测试，在检测处范围内，当涂层完整程度达到 70% 以上时，涂层附着力达到合格质量标准的要求。

2）涂装完成后，构件的标志、标记和编号应清晰完整。

2. 防火涂料施工

（1）防火涂料涂装前钢材表面除锈及防锈底漆涂装应符合设计要求和国家现行有关标准的规定。

（2）防火涂料涂装基层不应有油污、灰尘和泥砂等污垢。

（3）钢结构防火涂料的黏结强度、抗压强度应符合国家现行标准《钢结构防火涂料应用技术规范》（CECS 24—1990）的规定。检验方法应符合现行国家标准《建筑构件防火喷涂材料性能试验方法》（GA 110—1995）的规定。

（4）薄涂型防火涂料的涂层厚度应符合有关耐火极限设计要求。厚涂型防火涂料涂层的厚度，80% 及以上面积应符合有关耐火极限的设计要求，且最薄处厚度不应低于设计要求的 85%。

（5）薄涂型防火涂料涂层表面裂纹宽度不应大于 0.5mm；厚涂型防火涂料涂层表面裂纹宽度不应大于 1mm。

（6）防火涂料不应有误涂、漏涂，涂层应闭合，无脱层、空鼓、明显凹陷、粉化松散和浮浆等外观缺陷，乳突已剔除。

二、钢构件表面处理【高手技能】

1. 涂装前钢材表面锈蚀等级和除锈等级标准

涂装前钢材表面锈蚀等级和除锈等级标准见表7-5。

表7-5　涂装前钢材表面锈蚀等级和除锈等级标准

等级标准	文字说明
锈蚀等级	钢材表面分 A、B、C 和 D 四个锈蚀等级，各等级文字说明如下： （1）A级全面地覆盖着氧化皮而几乎没有铁锈的钢材表面 （2）B级已发生锈蚀，并且部分氧化皮已经剥落的钢材表面 （3）C级氧化皮已因锈蚀而剥落或可以刮除，并有少量点蚀的钢材表面 （4）D级氧化皮已因锈蚀而全面剥离，并且已普遍发生点蚀的钢材表面
喷射或抛射除锈等级	喷射或抛射除锈分四个等级，其文字部分叙述如下： （1）Sa1—轻度的喷射或抛射除锈。钢材表面应无可见的油脂或污垢，并且没有附着不牢的氧化皮、铁锈和涂料涂层等附着物 　　附着物是指焊渣、焊接飞溅物和可溶性盐等。附着不牢是指氧化皮、铁锈和涂料涂层等能以金属腻子刀从钢材表面剥离掉，即可视为附着不牢 （2）Sa2—彻底的喷射或抛射除锈。钢材表面无可见的油脂和污垢，并且氧化皮、铁锈等附着物已基本清除，其残留物应是牢固附着的 （3）Sa2.5—非常彻底地喷射或抛射除锈。钢材表面无可见的油脂、污垢、氧化皮、铁锈和涂料涂层等附着物，任何残留的痕迹应仅是点状或条纹状的轻微色斑 （4）Sa3—使钢材表观洁净的喷射或抛射除锈。钢材表面应无可见的油脂、污垢、氧化皮、铁锈和涂料涂层等附着物，该表面应显示均匀的金属光泽

续表 7-5

等级标准	文 字 说 明
手工和动力工具 除锈等级	其文字部分叙述如下： 　（1）St2—彻底的手工和动力工具除锈。钢材表面应无可见的油脂和污垢，并且没有附着不牢的氧化皮、铁锈和涂料涂层等附着物 　（2）St3—非常彻底的手工和动力工具除锈。钢材表面应无可见的油脂和污垢，并且没有附着不牢的氧化皮、铁锈和涂料涂层等附着物。除锈应比 St2 更为彻底，底材显露部分的表面应具有金属光泽
火焰除锈等级	其文字叙述如下： 　F1—火焰除锈。钢材表面应无氧化皮、铁锈和涂料涂层等附着物，任何残留的痕迹应仅为表面变色

2. 特殊钢材表面的预处理

对镀锌、镀铝、涂防火涂料的钢材表面的预处理应符合以下规定：

（1）外露构件需热浸锌和热喷锌、铝的，除锈质量等级为 Sa2.5～Sa3 级，表面粗糙度应达 $30～35\mu m$。

（2）对热浸锌构件允许用酸洗除锈，酸洗后必须经 3～4 道水洗，将残留酸完全清洗干净，干燥后方可浸锌。

（3）要求喷涂防火涂料的钢结构件除锈，可按设计技术要求进行。

3. 钢材表面处理方法

钢材表面的除锈按除锈顺序可分为一次除锈和二次除锈；按工艺阶段可分为车间原材料预处理、分段除锈、整体除锈；按除锈方式可分为喷射除锈、动力工具除锈、手工敲铲除锈和酸洗等方法。钢材表面除锈方法见表 7-6。

表 7-6　钢材表面除锈方法

除锈方法	操　作
人工除锈	人工除锈金属结构表面的铁锈，可用钢丝刷、钢丝布或粗砂布擦拭，直到露出金属本色，再用棉纱擦净

续表 7-6

除锈方法	操　作
喷砂除锈	在金属结构量很大的情况下,可选用喷砂除锈。它能去掉铁锈、氧化皮、旧有的油层等杂物。经过喷砂的金属结构,表面变得粗糙又很均匀,对增加涂料的附着力,保证漆层质量有很大的好处 喷砂就是用压缩空气把石英砂通过喷嘴,喷射在金属结构表面,靠砂子有力的撞击风管的表面,去掉铁锈、氧化皮等杂物。在工地上使用的喷砂工具较为简单,如图 7-1 所示 喷砂所用的压缩空气不能含有水分和油脂,所以在空气压缩机的出口处,装设油水分离器。压缩空气的压力一般在 0.35～0.4MPa;喷砂所用的砂粒,应是坚硬有棱角,粒度要求为 1.5～2.5mm,除经过筛除去泥土杂质外,还应经过干燥 喷砂时,应顺气流方向;喷嘴与金属表面一般成 70°～80°夹角;喷嘴与金属表面的距离一般在 100～150mm 之间。喷砂除锈要对金属表面无遗漏地进行。经过喷砂的表面,要达到一致的灰白色 喷砂处理的优点是质量好,效率高,操作简单;但是产生的灰尘太大,施工时应设置简易的通风装置,操作人员应戴防护面罩或风镜和口罩 经过喷砂处理后的金属结构表面,可用压缩空气进行清扫,然后再用汽油或甲苯等有机溶剂清洗。待金属结构干燥后,就可进行刷涂操作
化学除锈	化学除锈方法,即把金属构件浸入 15%～20% 的稀盐酸或稀硫酸溶液中浸泡 20min,然后用清水洗干净。如果金属表面锈蚀较轻,可用"三合一"溶液同时进行除油、除锈和钝化处理,"三合一"溶液配方为:草酸 150g,硫脲 10g,平平加 10g,水 1000g。经"三合一"溶液处理后的金属构件应用热水洗涤 2～3min,再用热风吹干,立即进行喷涂

三、钢结构涂装准备【高手技能】

1. 涂料的选用

一般选择应考虑以下方面因素:

(1)使用场合和环境是否有化学腐蚀作用的气体,是否为潮湿环境。

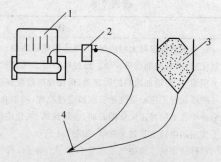

图 7-1 喷砂流程示意图

1. 压缩机 2. 油水分离器 3. 沙斗 4. 喷枪

（2）是打底用，还是罩面用。

（3）选择涂料时应考虑在施工过程中涂料的稳定性、毒性及所需的温度条件。

（4）按工程质量要求、技术条件、耐久性、经济效果、非临时性工程等因素，来选择适当的涂料品种。不应将优质品种降格使用，也不应勉强使用达不到性能指标的品种。

（5）各种涂料性能，见表 7-7。

表 7-7 各种涂料性能比较表

涂料种类	优　点	缺　点
油脂类	耐大气性较好；适用于室内外作打底罩面用；价廉；涂刷性能好，渗透性好	干燥较慢、膜软；力学性能差；水膨胀性大；不能打磨抛光；不耐碱
天然树脂漆	干燥比油脂漆快；短油度的漆膜坚硬好打磨；长油度的漆膜柔韧，耐大气性好	力学性能差；短油度的耐大气性差；长油度的漆不能打磨、抛光
酚醛树脂漆	漆膜坚硬，耐水性良好；纯酚醛的耐化学腐蚀性良好；有一定的绝缘强度；附着力好	漆膜较脆；颜色易变深；耐大气性比醇酸漆差，易粉化；不能制白色或浅色漆
沥青漆	耐潮、耐水好；价廉；耐化学腐蚀性较好；有一定的绝缘强度；黑度好	色黑；不能制白及浅色漆；对日光不稳定；有渗色性；自干漆；干燥不爽滑

续表 7-7

涂料种类	优　点	缺　点
醇酸漆	光泽较亮；耐候性优良；施工性能好，可刷、可喷、可烘；附着力较好	漆膜较软；耐水、耐碱性差；干燥较挥发性漆慢；不能打磨
氨基漆	漆膜坚硬，可打磨抛光；光泽亮，丰满度好；色浅，不易泛黄；附着力较好；有一定耐热性；耐候性好；耐水性好	需高温下烘烤才能固化；经烘烤过度，漆膜发脆
硝基漆	干燥迅速；耐油；漆膜坚韧；可打磨抛光	易燃；清漆不耐紫外线；不能在 60℃ 以上温度使用；固体分低
纤维素漆	耐大气性、保色性好；可打磨抛光；个别品种有耐热、耐碱性，绝缘性也好	附着力较差；耐潮性差；价格高
过氯乙烯漆	耐候性优良；耐化学腐蚀性优良；耐水、耐油、防延燃性好，三防性能较好	附着力较差；打磨抛光性能较差；不能在 70℃ 以上高温使用；固体分低
乙烯漆	有一定柔韧性；色泽浅淡；耐化学腐蚀性较好；耐水性好	耐溶剂性差；固体分低；高温易碳化；清漆不耐紫外线
丙烯酸漆	漆膜色浅，保色性良好；耐候性优良；有一定耐化学腐蚀性；耐热性较好	耐溶剂性差；固体分低
聚酯漆	固体分高；耐一定的温度；耐磨能抛光；有较好的绝缘性	干性不易掌握；施工方法较复杂；对金属附着力差
环氧漆	附着力强；耐碱、耐溶剂；有较好的绝缘性能；漆膜坚韧	室外曝晒易粉化；保光性差；色泽较深；漆膜外观较差
聚氨酯漆	耐磨性强，附着力好；耐潮、耐水、耐溶剂性好；耐化学和石油腐蚀；具有良好的绝缘性	漆膜易转化、泛黄；对酸、碱、盐、醇、水等物很敏感，因此施工要求高；有一定毒性

续表 7-7

涂料种类	优　点	缺　点
有机硅漆	耐高温;耐候性极优;耐潮、耐水性好;其有良好的绝缘性	耐汽油性差;漆膜坚硬较脆;一般需要烘烤干燥;附着力较差
橡胶漆	耐化学腐蚀性强;耐水性好;耐磨	易变色;清漆不耐紫外线;耐溶性差;个别品种施工复杂

2. 涂料准备和预处理

涂料选定后,通常要进行以下处理操作程序,然后才能施涂。

(1)开桶:开桶前应将桶外的灰尘、杂物除尽,以免其混入漆桶内。同时对涂料的名称、型号和颜色进行检查,是否与设计规定或选用要求相符合,检查制造日期,是否超过贮存期,凡不符合的应另行研究处理。若发现有结皮现象,应将漆皮全部取出,以免影响涂装质量。

(2)搅拌:将桶内的漆和沉淀物全部搅拌均匀后才可使用。

(3)配比:对于双组分的涂料使用前必须严格按照说明书所规定的比例来混合。双组分涂料一旦配比混合后,就必须在规定的时间内用完。

(4)熟化:两组分涂料混合搅拌均匀后,需要过一定熟化时间才能使用,对此应引起注意,以保证漆膜的性能。

(5)稀释:有的涂料因贮存条件、施工方法、作业环境、气温的高低等不同情况的影响,在使用时,有时需用稀释剂来调整黏度。

(6)过滤:过滤是将涂料中可能产生的或混入的固体颗粒、漆皮或其他杂物滤掉,以免这些杂物堵塞喷嘴及影响漆膜的性能及外观。通常可以使用80～120目的金属网或尼龙丝筛进行过滤,以达到质量控制的目的。

3. 涂层结构形式

涂层结构形式有3种,见表7-8。

表 7-8　涂层结构形式

结构形式	内　容
底漆—中间漆—面漆	底漆附着力强、防锈性能好；中间漆兼有底漆和面漆的性能，是理想的过渡漆，特别是厚浆型的中间漆，可增加涂层厚度；面漆防腐、耐候性好。底、中、面结构形式，既发挥了各层的作用，又增强了综合作用，是目前国内、外采用较多的涂层结构形式
底漆—面漆	只发挥了底漆和面漆的作用，明显不如上一种形式
低漆和面漆是一种漆	有机硅漆多用于高温环境，因没有有机硅底漆，只好把面漆也作为底漆用

4. 涂层厚度的确定

钢结构涂装涂层厚度，可参考表 7-9 确定。

表 7-9　钢结构涂层厚度确定

涂料种类	基本涂层和防护涂层					附加涂层
	城镇大气	工业大气	化工大气	海洋大气	高温大气	
醇酸漆	100～150	125～175				25～50
沥青漆			150～210	180～240		30～60
环氧漆			150～200	75～225	150～200	25～50
过氯乙烯漆			160～200			20～40
丙烯酸漆		100～140	120～160	140～180		20～40
聚氨酯漆		100～140	120～160	140～180		20～40
氯化橡胶漆		120～160	140～180	160～200		20～40
氯磺化聚乙烯漆		120～160	140～180	160～200	120～160	20～40
有机硅漆					100～140	20～40

四、钢结构涂装基本操作技术【高手技能】

1. 刷防锈漆

用设计要求的防锈漆在金属结构上满刷一遍。如原来已刷过防锈漆，应检查其有无损坏及有无锈斑。凡有损坏及锈斑处，应将原防锈漆层铲除,用钢丝刷和砂布彻底打磨干净后,再补刷防锈漆一遍。

采用油基底漆或环氧底漆均匀地涂或喷在金属表面上,施工时将底漆的黏度调到:喷涂为$(18\sim22)\times10^{-4}$ m^2/s,刷涂为$(30\sim50)\times$ 10^{-4} m^2/s。

涂底漆一般应在金属结构表面清理完毕后就施工,否则金属表面又会重新氧化生锈。涂刷方法是油刷上下铺油,横竖交叉地将油刷匀,再把刷迹理平。

底漆以自然干燥居多,使用环氧底漆时也可进行烘烤,质量比自然干燥要好。

2. 局部刮腻子

待防锈底漆干透后,将金属面的砂眼、缺棱、凹坑等处用石膏腻子刮抹平整。石膏腻子配合比:石膏粉:熟桐油:油性腻子(或醇酸腻子):底漆:水＝20:5:10:7:45。

采用油性腻子和快干腻子(配方见表7-10)。用油性腻子一般在$12\sim24h$全部干燥;而用快干腻子干燥较快,并能很好地粘附于所填嵌的表面,因此在部分损坏或凹陷处使用快干腻子可以缩短施工周期。也可用铁红醇酸底漆50%加光油50%混合拌匀,并加适量石膏粉和水调成腻子打底。

表7-10　腻子配方

腻子名称	俗称	配合比	用途及使用方法
油性原漆腻子	油填密	石膏粉:原漆:熟桐油:汽油或松香水＝3:2:1:0.7(或0.6)酌加少量炭黑、水和催干剂	适用于预先涂有底漆的金属表面不平处作填嵌用
环氧腻子	自干腻子	是造漆厂的现成产品,从桶内取出即可使用,腻子太稀可酌加石膏粉或铅粉。如果干硬可加光油或二甲苯稀释	用于金属物面填平,干结后非常坚硬难磨
喷漆腻子	快干腻子	用芯粉或石膏粉加入适量喷漆拌和再加水即成。喷漆:香蕉水:芯粉＝1:1:8	用于喷好头道面漆后填补砂眼缺陷用

　　腻子刮涂时，用橡皮刮和钢刮刀先在局部凹陷处填平，一般第一道腻子较厚，因此在拌和时应酌量减少油分，增加石膏粉用量，可一次刮成，不必求得光滑。第二道腻子需要平滑光洁，因而在拌和时可增加油分，腻子调得薄些，每次刮完腻子待干燥后加以砂磨，抹除灰尘后，涂刷一层底漆，然后再上一层腻子。刮腻子的层数应视金属结构的不同情况而定。金属结构表面一般可刮 2～3 道。

　　每刮完一道腻子待干后要进行砂磨，头道腻子比较粗糙可用粗铁砂布垫木块砂磨；第二道腻子可用细铁砂或 240 号水砂纸砂磨；最后两道腻子可用 400 号水砂纸仔细地打磨光滑。

3. 喷漆操作

　　先喷头道底漆，黏度控制在 $(20～30)\times10^{-4}\,m^2/s$，气压为 $0.4～0.5MPa$，喷枪距物面为 $20～30cm$，喷嘴直径以 $0.25～0.3cm$ 为宜。先喷次要面，后喷主要面。干后用快干腻子将缺陷及细眼找补填平；腻子干透后，用水砂纸将刮过腻子的部分和涂层全部打磨一遍，擦净灰迹待干后再喷面漆，黏度控制在 $(18～220)\times10^{-4}\,m^2/s$。喷涂面漆一般可喷 2～3 道，要求高的物件可喷 4～5 道。每次都用水砂打磨，越到面层要求水砂越细，质量越高。如需增加面漆的亮度，可在漆料中加入硝基清漆（加入量不超过 20％），调到适当黏度（$15\times10^{-4}\,m^2/s$）后喷 1～2 遍。

　　凡用于喷漆的一切漆，使用时必须掺加相应的稀释剂或相应的稀料，掺量以能顺利喷出成雾状为准（一般为漆重的 1 倍左右）。应过 0.125mm 孔径筛清除杂质。一个工作物面层或一项工程上所用的喷漆量宜一次配够。

4. 涂刷操作

　　(1)涂第一遍漆应符合下列规定：

　　1)分别选用带色铅油或带色调合漆、磁漆涂刷，但此遍漆应适当掺加配套的稀释剂或稀料，以达到盖底、不流淌、不显刷迹。冬季施工宜适当加些催干剂（铅油用铅、锰催干剂），掺量为 2％～5％；磁漆等可用钴催干剂，掺量一般小于 0.5％。涂刷时厚度应一致，不得漏刷。

　　2)复补腻子：如果设计要求有此工序时，将前数遍腻子干缩裂缝或残缺不足处,再用带色腻子局部补一次,复补腻子与第一遍漆色相同。

3)磨光:如设计有此工序(属中、高级漆),宜用 1 号以下细砂布打磨,用力应轻而匀,注意不要磨穿漆膜。

(2)刷第二遍漆应符合下列规定:

1)如为普通漆,为最后一层面漆。应用原装漆涂刷,但不宜掺催干剂。

2)磨光:设计要求有此工序时,与上相同。

3)潮布擦净:将干净潮布反复在已磨光的漆面上揩擦干净。

5. 漆厚标准

涂料和涂刷厚度应符合设计要求。如涂刷厚度设计无要求时,一般涂刷 4～5 遍。漆膜总厚度:室外为 125～175μm,室内为 100～150μm。配置好的涂料不宜存放过久,使用时不得添加稀释剂。

6. 应注意的质量问题

(1)油膜应该连续无孔,无漏涂、起泡、露底等现象。因此,漆的稠度既不能过大,也不能过小,稠度过大不但浪费漆,还会产生脱落、卷皮等现象;稠度过小会产生漏涂、起泡、露底等现象。

(2)在涂刷第二层防锈底漆时,第一道防锈底漆必须彻底干燥,否则会产生漆层脱落。

(3)注意漆流挂。在垂直表面上涂漆,部分漆液在重力作用下产生流挂现象。其原因是漆的黏度大、涂层厚、漆刷的毛头长而软,涂刷不开,或是掺入的稀释剂干性慢。此外,喷漆施工不当也会造成流挂。

所以施工时除了选择适当厚度的漆料和干性较快的稀释剂外,在操作时应做到少蘸油、勤蘸油、刷均匀、多检查、多理顺。漆刷应选得硬一点。喷漆时,喷枪嘴直径不宜过大,喷枪距物面不能过近,压力大小要均匀。

(4)注意漆皱纹。漆膜干燥后表面出现不平滑,收缩成皱纹的现象。其原因是漆膜刷得过厚或刷油不匀;干性快和干性慢的漆掺和使用或是催干剂加得过多,产生外层干、里层湿的情况;有时涂漆后在烈日下曝晒或骤热骤冷以及底漆未干透,也会造成皱皮。

(5)注意漆发黏。漆超过一定的干燥期限而仍然有粘指现象,其原因是底层处理不当,物体上沾有油脂、松脂、蜡、酸、碱、盐、肥皂等残迹。

此外,底漆未干透便涂面漆(树脂漆例外)或加入过多的催干剂和不干性油,物面过潮、气温太低或不通气等都会影响漆膜的干结时间;有时漆料贮藏过久也会发黏。

(6)注意漆粗糙。漆膜干后用手摸似有痱子颗粒感觉。其原因是由于施工时灰尘沾在漆面上,漆料中有污物、漆皮等未经过滤;漆刷上有残漆的颗粒和砂子,喷漆时工具不洁或是喷枪距物面太远、气压过大等都会使漆膜粗糙。

(7)注意漆脱皮。漆膜干后发生局部脱皮,甚至整张揭皮现象。其原因是漆料质量低劣;漆内含松香成分太多或稀释过薄使油分减少;物面沾有油脂、蜡脂、水汽等或底层未干透就涂面漆;物面太光滑没有进行粗糙处理等也会造成脱皮。

(8)注意漆露底。经涂刷后透露底层颜色。其原因是漆料的颜料用量不足,遮盖力不好,或掺入过量的稀释剂;此外漆料有沉淀未经搅拌就使用。所以应选择遮盖力较好的漆料,在使用前漆料要经充分搅拌,一般不要掺加稀释剂。

(9)注意漆出现气泡、针孔。漆膜上出现圆形小圈,状如针刺的小孔。一般是以清漆或颜料含量比较低的磁漆,用浸渍、喷涂或滚涂法施工时容易出现。主要原因是有空气泡存在,颜料的湿润性不佳,或者是漆膜的厚度太薄,所用稀释料不佳,含有水分,挥发不平衡;喷涂方法不善。此外,烘漆初期结膜时受高温烘烤,溶剂急剧回旋挥发,漆膜本身及时补足空挡而形成小穴、出现针孔。所以喷漆时要注意施工方法和选择适当的溶剂来调整挥发速度,烘漆时要注意烘烤温度,工件进入烘箱不能太早,沥青漆不能用汽油稀释。

第三节 钢构件防腐涂料施工

一、过氯乙烯漆【高手技能】

(1)刷(喷)涂前,须先用过氯乙烯清漆打底,然后再涂过氯乙烯底漆;在金属基层上,当用人工除锈时,宜用铁红醇酸底漆或铁红环氧底漆打底;当用喷砂处理时,应先涂一层乙烯基磁化底漆打底,再用过氯乙烯底漆打底,底漆实干后,再依次进行各层涂刷。

(2)施工黏度（涂-4 黏度计，下同）：刷涂时，底漆为$(30\sim40)\times$ $10^{-4}\,m^2/s$，磁漆、清漆、过渡漆为$(20\sim40)\times10^{-4}\,m^2/s$；喷涂时为$(15\sim 15)\times10^{-4}\,m^2/s$。黏度调整用 X-3 过氯乙烯稀释剂，若采用铁红醇酸底漆，稀释剂可用二甲苯或松节油。磁化底漆可用丁醇和乙醇 $[(1\sim3)：1]$稀释剂调整。

(3)每层过氯乙烯漆（底漆除外）应在前一层漆实干前涂覆（均干燥 $2\sim3h$），宜连续施工，如漆膜已实干应先用 X-3 过氯乙烯漆稀释剂喷润或揩涂一遍，手工涂刷要一上一下刷两下，手轻动作快，不应往复进行，全部施工完毕应在常温下干燥 7d 方可使用。

二、酚醛漆【高手技能】

(1)涂覆方法有刷涂、喷涂、浸涂和真空浸渍等，一般采用刷涂法。

(2)在金属基层可直接用红丹酚醛防锈漆或铁红酚醛底漆打底，或不用底漆而直接涂刷酚醛耐酸漆。

(3)底漆实干后，再涂刷其余各遍漆，涂刷层数一般不少于三层，涂刷进的施工黏度为$(30\sim50)\times10^{-4}\,m^2/s$，每层漆应在前一层漆实干后涂刷，施工间隔一般为 24h。

三、环氧漆【高手技能】

(1)施工采用刷涂或喷涂。施工黏度：刷涂时为$(30\sim40)\times10^{-4}$ m^2/s；喷涂时为$(18\sim25)\times10^{-4}\,m^2/s$，调整黏度，环氧酯底漆、环氧漆用环氧稀释剂（二甲苯：丁醇＝7：3），环氧沥青漆用环氧沥青漆稀释剂（甲苯：丁醇：环己酮二氯化苯＝79：7：7）。

(2)金属基层直接用环氧底漆或环氧沥青底漆打底。底漆实干后，再涂刷其他各层漆。

(3)环氧漆的涂漆层数一般不少于 4 层，每层在前一层实干前涂覆，间隔约 $6\sim8h$，最后一层常温干燥 7d 方可使用。

四、聚氨酯漆【高手技能】

(1)在金属基上，直接用棕黄聚氨酯底漆打底，再涂过渡漆和清漆。过渡漆用 S06-2 底漆和 S04-4 磁漆按 1：1 配合。

(2)当为金属基层时，一般为 $4\sim5$ 层，即一层棕黄底漆，一层过渡漆，$2\sim3$ 层清漆。

(3)施工宜用涂刷,施工黏度$(30\sim50)\times10^{-4}m^2/s$,黏度过大用X-11聚氨酯稀释剂或二甲苯调整,每层漆在前一层漆实干后涂刷,施工间隔一般为24h。

五、沥青防腐漆【高手技能】

(1)施工应采用刷涂法,不宜用喷涂法。

(2)金属基层刷1~2遍铁红醇酸底漆或红丹防锈漆打底,亦可不刷底漆,直接涂刷沥青耐酸漆。

(3)施工黏度为$(18\sim50)\times10^{-4}m^2/s$,过黏可加入200号溶剂汽油或二甲苯稀释。

(4)涂刷层数一般不少于两遍,每遍间隔24h,全部涂刷完毕经24~48h干燥后,方可使用。

第四节 钢构件防火涂料施工

一、防火涂料选用【新手技能】

钢结构防火涂料分为薄涂型和厚涂型两类,选用时应遵照以下原则:

(1)对室内裸露钢结构、轻型屋盖钢结构及有装饰要求的钢结构,当规定其耐火极限在1.5h以下时,应选用薄涂型钢结构防火材料;室内隐蔽钢结构、高层钢结构及多层厂房钢结构,当其规定耐火极限在1.5h以上时,应选用厚涂型钢结构防火材料。

(2)当防火涂料分为底层和面层涂料时,两层涂料应相配。且底层不得腐蚀钢结构,不得与防锈底漆产生化学反面层若为装饰涂料,选用涂料应通过试验验证。

二、防火涂料施工要求【高手技能】

(1)钢结构防火涂料的生产厂家、检验机构、涂装施工单位均应具有相应资质,并通过公安消防部门的认证。

(2)钢结构表面的杂物应清除干净,其连接处的缝隙应用防火涂料或其他防火材料填补堵平后,方可施工。

(3)防火涂料施工应在室内装修之前和不被后续工程所损坏的条

件下进行。施工时,对不需作防火保护的部位应进行遮蔽保护,刚施工的涂层,应防止脏液污染和机械撞击。

(4)施工过程中和涂层干燥固化前,环境温度宜保持在 5℃～38℃,相对湿度不宜大于 90%,空气应流通。当风速大于 5m/s,或雨天和构件表面有结露时,不宜作业。

(5)防火涂料中的底层和面层涂料应相互配套,底层涂料不得腐蚀钢材。

(6)底涂层喷涂前应检查钢结构表面除锈是否满足要求,尘土杂物是否已清除干净。

底涂层一般喷 2～3 遍,每遍厚度控制在 2.5mm 以内,视天气情况,每隔 8～24h 喷涂一次,必须在前一遍基本干燥后喷涂。喷涂时,喷嘴应与钢材表面保持垂直,喷口至钢材表面距离以保持在 40～60cm为宜。喷涂时操作人员要随身携带测厚计检查涂层厚度,直到达到设计规定厚度方可停止喷涂。若设计要求涂层表面平整光滑时,待喷完最后一遍后应用抹灰刀将表面抹平。

(7)对于重大工程,应进行防火涂料的抽样检验。每使用 100t 薄型钢结构防火涂料,应抽样检查一次黏结强度,每使用 500t 厚涂型防火涂料,应抽样检测一次黏结强度和抗压强度。

(8)薄涂型面涂层施工时,底涂层厚度要符合设计要求,并基本干燥后,方可进行面涂层施工;面涂层一般涂 1～2 次,颜色应符合设计要求,并应全部覆盖底层,颜色均匀、轮廓清晰、搭接平整;涂层表面有浮浆或裂纹的宽度不应大于 0.5mm。

(9)厚涂型防火涂料宜采用压送式喷涂机喷涂,空气压力为 0.4～0.6MPa,喷枪口直径宜为 6～10mm。厚涂型涂料配料时应严格按配合比加料或加稀释剂,并使稠度适当。当班使用的涂料应当班配制。

(10)厚涂型涂料施工时应分遍喷涂,每遍喷涂厚度宜为 5～10mm,必须在前一遍基本干燥或固化后,再喷涂第二遍;喷涂保护方式、喷涂遍数与涂层厚度应根据施工工艺要求确定。操作者应用测厚仪随时检测涂层厚度,80% 及以上面积的涂层总厚度应符合有关耐火极限的设计要求,且最薄处厚度不应低于设计要求的 85%。厚涂型涂料喷涂后的涂层,应剔除乳突,表面应均匀平整。

（11）厚涂型防火涂层出现涂层干燥固化不好，黏结不牢或粉化、空鼓、脱落；钢结构的接头、转角处的涂层有明显凹陷；涂层表面有浮浆或裂缝宽度大于 1.0mm 等情况之一时，应铲除涂层重新喷涂。

三、防火涂料涂装操作【高手技能】

1. 防火涂料配料、搅拌

粉状涂料应随用随配。搅拌时先将涂料倒入混合机加水拌和2 min后，再加胶黏剂及钢防胶充分搅拌 5～8min，使稠度达到可喷程度。

2. 喷涂

（1）正式喷涂前，应试喷一建筑层，经消防部门、质监站核验合格后，再大面积作业。

（2）喷涂时喷枪要垂直于被喷钢构件，距离 6～10cm 为宜，喷涂气压应保持在 0.4～0.6MPa，喷完后进行自检，厚度不够的部分再补喷一次。

（3）施工环境温度低于 5℃时不得施工，应采取外围封闭、加温措施，施工前后 48h 保持 5℃以上为宜。

3. 涂装施工要点

（1）涂漆前应对基层进行彻底清理，并保持干燥，在不超过 8h 内，尽快涂头道底漆。

（2）涂刷底漆时，应根据面积大小来选用适宜的涂刷方法。不论采用喷涂法还是手工涂刷法，其涂刷顺序均为：先上后下、先难后易、先左后右、先内后外。保持厚度均匀一致，做到不漏涂、不流坠为好。待第一遍底漆充分干燥后（干燥时间一般不少于 48h），用砂布、水砂纸打磨后，除去表面浮漆粉再刷第二遍底漆。

（3）涂刷面漆时，应按设计要求的颜色和品种的规定来进行涂刷，涂刷方法与底漆涂刷方法相同。对于前一遍漆面上留有的砂粒、漆皮等，应用铲刀刮去。对于前一遍漆表面过分光滑或干燥后停留时间过长，为了防止离层，应将漆面打磨清理后再涂漆。

（4）应正确配套使用稀释剂。当漆黏度过大需用稀释剂稀释时，应正确控制用量，以防掺用过多，导致涂料内固体含量下降，使得漆膜厚度和密实性不足,影响涂层质量。同时应注意稀释剂与漆之间的配套问题,油基漆、酚醛漆、长油度醇酸磁漆、防锈漆等用松香水、松节油;中油度醇酸漆用松香水与二甲苯 1∶1 的混合溶剂;短油度醇酸漆用二甲苯调配;过氯乙烯采用溶剂性强的甲苯、丙酮来调配。如果错用就会发生沉淀离析、咬底或渗色等病害。

四、防火涂料涂层厚度测定【高手技能】

1. 测针与测试图

测针(厚度测量仪),由针杆和可滑动的圆盘组成,圆盘始终保持与针杆垂直,并在其上装有固定装置,圆盘直径不大于 30mm,以保持完全接触被测试件的表面。当厚度测量仪不易插入被插试件中,也可使用其他适宜的方法测试。

测试时,将测厚探针垂直插入防火涂层直至钢材表面上,记录标尺读数,如图 7-2 所示。

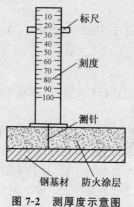

图 7-2　测厚度示意图

2. 测点选定

(1)楼板和防火墙的防火涂层厚度测定,可选相邻两纵、横轴线相交中的面积为一个单元,在其对角线上,按每米长度选一点进行测试。

(2)钢框架结构的梁和柱的防火涂层厚度测定,在构件长度内每隔 3m 取一截面,按图 7-3 所示位置测试。

(3)桁架结构,上弦和下弦规定每隔 3m 取一截面检测,其他腹杆

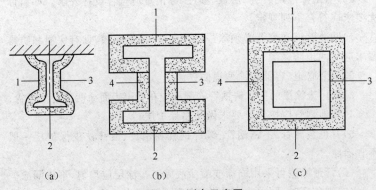

图 7-3 测点示意图

(a)工字梁 (b)工型柱 (c)方型柱

每一根取一截面检测。

3. 测量结果

对于楼板和墙面,在所选择面积中,至少测出 5 个点;对于梁和柱在所选择的位置中,分别测出 6 个和 8 个点。分别计算出它们的平均值,精确到 0.5mm。

第五节 机械设备与管道防腐涂料施工

一、一般规定【新手技能】

(1)防腐涂料和漆,必须是在有效保质期限内的合格产品。漆应有制造厂合格证明书,过期的漆必须重新检验,确认合格后方可使用。

(2)涂漆施工一般应在管道试压合格后进行。未经试压的管道如需涂漆,应留出焊缝部位及有关标记。管道安装后不易涂漆的部位,应预先涂漆。

(3)涂漆前应清除管道表面的灰尘、污垢、铁锈、焊渣、毛刺、油及水分等。

(4)涂漆施工宜在 5℃~40℃ 的环境下进行,并应有防火、防冻、防雨措施。

（5）管道涂漆的种类、层数、颜色、标记等应符合设计要求。如设计无要求应符合下列规定：

1）明装管道和容器必须涂一道防锈漆，两道面漆，如有保温和防露要求应涂两道防锈漆；

2）暗装管道、容器应涂两道防锈漆；

3）出厂未涂漆的排水铸铁管安装前应在管道表面涂两道石油沥青；

4）埋地钢管应按设计要求做防腐保护层；

5）有色金属管、不锈钢管、镀锌钢管和铝皮、镀锌铁皮保护层一般不宜涂漆。

（6）管道涂漆可采用刷涂或喷涂法施工。涂层应均匀，不得漏涂。

（7）刷色环时，要求距离均匀、宽度一致。当采用多种漆调合配料时，应性能适应、配比合适、搅拌均匀，并稀释至合适的稠度，不得有漆皮等杂物，调成的漆料应及时使用，涂料应密封保存。

（8）现场涂漆一般应自然干燥。多层涂刷的前后间隔时间，应保证漆膜干燥、干透，涂层未经充分干燥，不得进行下一工序施工。

（9）涂层质量应符合下列要求：

1）涂层均匀、颜色一致、漆膜附着牢固，无剥落、皱纹、气泡、针孔等缺陷；

2）涂层完整，无损坏、无漏涂。

（10）支、吊架的防腐处理应与风管或管道一致，其明装部分必须涂面漆。

（11）各类空调设备、部件的漆喷涂，不得遮盖铭牌标志和影响部件的功能使用。

二、作业条件【新手技能】

（1）风管及管道安装、试压和土建工程已全部完工。风管及管道和其他金属构件表面不得潮湿。

（2）现场要求清洁卫生、通风良好。施工时无其他工序或自然因素（雨、雪、水、风砂）污染，否则应有可靠的防护措施。

（3）室内施工环境温度应在0℃以上。室外施工时环境温度为5℃～38℃之间，相对湿度不大于85％，雨天或管道表面结露时，不宜作业。冬季应在采暖条件下进行，室温必须保持均衡。

三、基本操作技术【新手技能】

1. 基本操作技术

基本操作技术见表 7-11。

表 7-11 基本操作技术

项目	内　　容
基层处理	清扫、除锈、磨砂纸。首先将钢门窗和金属表面上浮土、灰浆等打扫干净。已刷防锈漆但出现锈斑的钢门窗或金属表面，须用铲刀铲除底层防锈漆后，再用钢丝刷和砂布彻底打磨干净，补刷一道防锈漆，待防锈漆干透后，将钢门窗或金属表面的砂眼、凹坑、缺棱、拼缝等处，用石膏腻子刮抹平整[金属表面腻子的质量配合比为石膏粉∶熟桐油∶油性腻子(或醇酸腻子)∶底漆＝20∶5∶10∶7，水适量。腻子要调成不软、不硬、不出蜂窝、挑丝不倒为宜]，待腻子干透后，用 1 号砂纸打磨，磨完砂纸后用湿布将表面上的粉末擦干净
刮腻子	用开刀或橡皮刮板在钢门窗或金属表面上满刮一遍石膏腻子，要求刮得薄，收得干净，均匀平整无飞刺。等腻子干透后，用 1 号砂纸打磨，注意保护棱角，要求达到表面光滑、线角平直、整齐一致
刷第一遍漆	(1)刷铅油(或醇酸无光调和漆)：铅油用色铅油、光油、清油和汽油配制而成，配合比同前，经过搅拌后过箩，冬季宜加适量催干剂。油的稠度以达到盖底、不流坠、不显刷痕为宜，铅油的颜色要符合样板的色泽 刷铅油时先从框上部左边开始涂刷，框边刷油时不得刷到墙上，要注意内外分色，厚薄要均匀一致，刷纹必须通顺，框子上部刷好后再刷亮子，全部亮子刷完后，再刷框子下半部。刷窗扇时，如两扇窗，应先刷左扇后刷右扇；三扇窗者，最后刷中间一扇，窗扇外面全部刷完后，用梃钩钩住再刷里面。刷门时先刷亮子，再刷门框及门扇背面，刷完后用木楔将门扇下口固定，全部刷完后，应立即检查一下有无遗漏，分色是否正确，并将小五金件等沾染的漆擦干净。要重点检查线角和阴阳角处有无流坠、漏刷、裹棱、透底等毛病，应及时修整达到色泽一致 (2)抹腻子：待漆干透后，对底腻子收缩或残缺处，再用石膏腻子补抹一次，要求与做法同前 (3)磨砂纸：待腻子干透后，用 1 号砂纸打磨，要求同前。磨好后用湿布将磨下的粉末擦净

续表 7-11

项目	内　　容
刷第二遍漆	(1)刷铅油:同前 (2)擦玻璃,磨砂纸:使用湿布将玻璃内外擦干净。注意不得损伤油灰表面和八字角。磨砂纸应用 1 号砂纸或旧砂纸轻磨一遍,方法同前,但注意不要把底漆磨穿,要保护棱角。磨好砂纸应打扫干净,用湿布将磨下的粉末擦干净
刷最后一遍调和漆	刷油方法同前。但由于调和漆黏度较大,涂刷时要多刷多理,刷油要饱满、不流不坠、光亮均匀、色泽一致。在玻璃油灰上刷油,应等油灰达到一定强度后方可进行,刷油动作要敏捷,刷子轻、油要均匀,不损伤油灰表面且光滑,八字见线。刷完漆后,要立即仔细检查一遍,如发现有毛病,应及时修整。最后用桄钩或木楔子将门窗扇打开固定好

2. 施工注意事项

(1)高空作业超过 2m 应按规定搭设脚手架。使用的人字梯应四角落地,摆放平稳,梯脚应设防滑橡皮垫和保险链。人字梯上铺设脚手板,脚手板两端搭设长度不得少于 20cm,脚手板中间不得同时两人操作。梯子挪动时,作业人员必须下来,严禁站在梯子上踩高跷式挪动,人字梯顶部铰轴不准站人,不准铺设脚手板。人字梯应当经常检查,发现开裂、腐朽、楔头松动、缺档等,不得使用。

(2)施工现场严禁设涂料仓库,场外的涂料仓库应有足够的消防设施。

(3)施工现场应有严禁烟火的安全措施,现场应设专职安全员监督确保施工现场无明火。

(4)每天收工后应尽量不剩涂料,剩余涂料不准乱倒,应收集后集中处理。废弃物按环保要求分类处置。

(5)施工现场周边应根据噪声敏感区域的不同,选择低噪声设备或其他措施,同时应按国家有关规定控制施工作业时间。

(6)涂刷作业时操作工人应配戴相应的保护设施,如防毒面具、口罩、手套等。以免危害工人的肺、皮肤等。

(7)涂料使用后,应及时封闭存放,废料应及时清出室内,施工时室内应保持良好通风,但不宜过堂风。

(8)每遍涂料刷完后,都应将门窗用梃钩钩住或用木楔固定,防止扇框涂料黏结影响质量和美观,同时防止门窗扇玻璃损坏。

(9)刷油后立即将滴在地面或窗台上和污染墙上及五金上的涂料清擦干净。

(10)涂料工程完成后,应派专人负责看管和管理,禁止摸碰。

四、表面除锈【高手技能】

表面清理除锈方法,一般采用机械除锈、手工除锈两种。有条件的地方也可以采用酸洗除锈,应注意不得使用使金属表面受损或使其变形的工具和工艺手段。除去金属表面上的油脂、疏松氧化皮、污锈、焊渣等杂物后,再用干燥清洁的压缩空气或刷子清除粉尘。

1. 喷砂除锈

喷砂除锈所用的压缩空气,不能含有水分和油脂,所以在空气压缩机的出口处,必须装设油水分离器。压缩空气的压力应保持在 0.4～0.6MPa。喷砂所用的砂粒,应坚硬又有棱角,粒度一般为 1.5～2.5mm,而且需要过筛除去泥土和其他杂质,还应经过干燥。喷砂操作时,应顺气流方向;喷嘴与金属表面一般成 70°～80°夹角;喷嘴与金属表面的距离一般在 100～150mm 之间。

2. 酸洗除锈

酸洗时先将水注入硫酸槽中,再将硫酸以细流慢慢注入水中,并不断搅拌,当加热到适当温度后,将被酸洗物缓慢轻轻地放入酸洗槽中。到预计的酸洗时间后,立即取出并放入中和槽内。然后再将其放入热水槽中用热水洗涤,使其完全呈中性后并取出及时干燥。酸洗、中和、热水洗涤、干燥和刷涂料等操作应该连续进行,以免重新锈蚀。

在酸洗前,应对管材或管件(工件)进行清理,除去污物。如果管材表面有油脂,会影响酸洗除锈的效果,应先用碱水除油或作脱脂处理。酸洗操作条件见表 7-12。

为了减轻酸洗液对金属的溶解,可加入约 20%的缓蚀剂。化学处理一般可采用浸泡、喷射和涂刷等方法。酸洗液的配比及工艺条件可参照表 7-13 选用。

表 7-12　钢材酸洗操作条件

酸洗种类	浓度（%）	温度（℃）	时间（min）
硫酸	10～20	50～70	10～40
盐酸	10～15	30～40	10～50
磷酸	10～20	60～65	10～50

表 7-13　酸洗液的配比及工艺条件

名　　称	配　比	处理温度 （℃）	处理时间 （min）	备　注
工业盐酸（%） 乌洛托平（%） 水	15～20 0.5～0.8 余量	30～40	5～30	除铁锈快，效果好，适用于钢铁表面严重积锈的工件
工业盐酸（密度 1.18）（%） 工业硫酸（密度 1.84）（%） 乌洛托平（L/g） 水	110～180 75～100 5～8 余量	20～60	5～50	适用于钢铁及铸铁工件除锈
工业盐酸（密度 1.84）（g/L） 食盐（g/L） 水 缓蚀剂	180～200 40～50 余量 适量	65～80	16～50	适用于铸铁及清理大块锈皮，若铸铁表面有型砂，可加 2%～5%氢氟酸
工业磷酸（%） 水	2～15 余量	80	表面铁锈除尽为止	适用于锈蚀不严重的钢铁工件，常用作涂料的基本金属表面处理

　　经酸洗后的金属表面，必须进行中和钝化处理。根据被处理管道及管件形状、体积大小，环境温度、湿度以及酸洗方法的不同，可选用方法见表 7-14。

表 7-14 中和钝化方法

方法	内　　容
中和钝化一步法	附着于金属表面的酸液应立即用热水冲洗,当用 pH 试纸检查金属表面呈中性时,随即进行钝化处理
中和钝化二步法	附着于金属表面的酸液应立即用水冲洗,继之用 5％碳酸钠水溶液进行中和处理,然后用水洗法洗去碱液,最后进行钝化处理

钝化液的配方及工艺条件可参照表 7-15。

表 7-15 钝化液的配方及工艺条件

名　　称	配　比	溶液 pH 值	处理温度(℃)	处理时间(min)
亚硝酸钠水	0.5％～5％余量	9～10	室温	5

注:1. 溶液的酸碱度可用硫酸钠进行调节。

　　2. 防止溶液中混入氯离子。

　　3. 亚硝酸钠应密封存放,钝化溶液应随配随用,以防失火。

　　4. 施工方法可采用浸泡法或喷淋法。

　　5. 钝化液在排放前应经处理,并不得与酸接触。

经中和处理后的金属表面,应再用温水冲洗干净,在流通的地方晾干或用压缩空气吹干后,立即喷、刷涂料,久置。

五、基层处理【高手技能】

基层处理具体方法见表 7-16。

表 7-16 基层处理方法

项　　目	方　　法
除锈、清扫、磨砂纸	用钢丝刷、砂布、尖头锤、锉刀及扁铲等将金属表面的锈皮氧化层、焊渣、毛刺及其他污物铲刮净,再用 2 号砂布普遍打磨一遍,露出金属原色,然后用棕扫帚清扫干净。遇有油污、沥青等物,应用汽油或煤油、松香水、苯类溶剂清洗处理干净。也可用电动、风动除锈工具除锈

续表 7-16

项　目	方　法
刷防锈漆	用设计要求的防锈漆满刷一遍。如原已刷过防锈漆，应检查其有无损坏及有无锈斑。凡有损坏及锈斑处，应将原防锈漆层铲除，用钢丝刷和砂布彻底打磨干净后，再补刷防锈漆一遍。涂刷方法是油刷上下铺油（开油），横竖交叉地将油刷匀，再把刷迹理平。注意每次刷油应"少蘸油，蘸多次油"
局部刮腻子	待防锈漆干透后，将金属面的砂眼、缺棱、凹坑、拼缝间隙等处用石膏腻子刮抹平整。石膏腻子配合比（质量比）为石膏粉：熟桐油：油性腻子（或醇酸腻子）：底漆：水＝20：5：10：2：7：45
磨光	腻子干透后，用 1 号砂布打磨平整（先用开刀将灰疙瘩铲平整），然后用潮布擦净表面

六、部件漆【高手技能】

部件漆应注意以下几点：

（1）风管法兰或加固角钢制作后，必须在和风管组装前涂刷防锈底漆，不能在组装后涂刷，否则将会使法兰或加固角钢与风管接触面漏涂刷防锈底漆，而产生锈蚀。

（2）送、回风口和风阀的叶片和本体，应在组装前根据工艺情况先涂刷防锈底漆，可防止漏涂的现象。如组装涂刷防锈底漆，致使局部位置漏涂，而产生锈蚀。

七、支、吊、托架漆【高手技能】

在一般情况下，支、吊、托架与设备、风管所处环境相同，因此其防腐处理应与设备、风管一样；但是当含有酸、碱或其他腐蚀性气体的厂房内，采用不锈钢板、硬聚氯乙烯板等风管时，则支、吊、托架的防腐处理应由设计单位另行规定。

八、管道涂色【高手技能】

为了便于运行管理，明装管道的表面和保温层的外表面应涂以颜色不同的涂料、色环和箭头，以表示管道内所输送介的种类和流动方向,见表7-17。其色环宽度、间距应符合以下规定。

表7-17 管道涂色及色环颜色

管道名称	颜色		管道名称	颜色	
	底色	色环		底色	色环
过热蒸汽管	红	黄	液化石油气管	黄	绿
饱和蒸汽管	红	—	压缩空气管	浅蓝	—
排气管	红	黑	净化压缩空气管	浅蓝	黄
废气管	红	绿	乙炔管	白	—
锅炉排污管	黑	—	氧气管	深蓝	—
锅炉给水管	绿	—	氢气管	白	红
疏水管	绿	黑	生活水管	绿	黄
凝结水管	绿	红	热水管	绿	蓝
软化水(补给水)管	绿	白	盐水管	浅黄	—
余压凝结水管	绿	白	氮气管	棕色	—
高热值煤气管	黄	—	天然气管	黄	黑
低热值煤气管	黄	褐	油管	棕色	—

(1)公称直径小于150mm的管道,色环宽为30mm、间距为1.5~2mm。

(2)公称直径为150~300mm的管道,色环宽为50mm、间距为2~2.5mm。

(3)公称直径大于300mm的管道,色环的宽度可适当加大。

用箭头表明管内介质流动方向,如介质有向两个方向流动的可能时,应标出两个方向流动的箭头,箭头可涂成白色或黄色。

九、施工注意事项【高手技能】

1. 表面处理

薄钢板制作的风管在涂刷防锈漆前,必须对其表面的油污、铁锈、氧化皮层进行清除,使表面颜色露出金属的本色,再用棉纱擦净。对于防腐要求严格的风管必须采用喷砂除锈工艺。经喷砂除锈的风管,表面的油污、铁锈等氧化皮层清除后变得粗糙又很均匀,可以增加漆的附着力,提高防腐能力。

2. 漆牌号选用

漆的牌号或种类,一般设计都有明确的要求。如设计无明确要求时,可根据施工验收规范的规定选用,一般通风、空调系统参照表 7-18 所列的要求选用;空气洁净系统参照附表 7-19 所列的涂敷。特别注意樟丹或氧化铁红防锈底漆不能用于镀锌钢板,由于它与镀锌钢板无附着能力,会产生漆层卷皮脱落现象。

表 7-18　薄钢板漆

序号	风管所输送的气体介质	漆类别	漆遍数
1	不含有灰尘且温度不高于 70℃的空气	内表面涂防锈底漆	2
		外表面涂防锈底漆	1
		外表面涂面漆(调和漆等)	2
2	不含有灰尘且温度高于 70℃的空气	内、外表面各涂耐热漆	2
3	含有粉尘或粉屑的空气	内表面涂防锈底漆	1
		外表面涂除锈底漆	1
		外表面涂面漆	2
4	含有腐蚀性介质的空气	内外表面涂耐酸底漆	≥2
		内外表面涂耐酸面漆	≥2

表 7-19　空气洁净系统的漆

序号	系统部位	用料	漆 别 类		漆遍数
1	中效过滤器前的送风管及回风管	薄钢板	内表面	醇酸类底漆	2
				醇酸类磁漆	2
			外表面	保温——铁红底漆	2
				非保温｛铁红底漆	1
				调和漆	2
2	中效过滤器后和高效过滤器前的送风管	镀锌钢板	一般不涂漆		
		薄钢板	内表面	醇酸类底漆	2
				醇酸类磁漆	2
			外表面	保温——铁红底漆	1
				非保温——铁红底漆调和漆	2

续表 7-19

序号	系统部位	用料	漆 别 类		漆遍数
3	高效过滤器后的送风管	镀锌钢板	内表面 $\left\{\begin{array}{l}\text{磷化底漆}\\\text{面漆(磁漆、调和漆等)}\end{array}\right.$		1 2
			外表面——一般不涂漆		

3. 涂刷施工

(1)漆调的稠度既不能过大,也不能过小。

(2)在涂刷第二道防锈底漆时,第一道防锈底漆必须彻底干燥。

(3)涂刷漆的环境温度不能过低或相对湿度不能过高。在涂刷漆时,必须掌握环境条件。一般要求环境温度不低于 5℃,相对湿度不大于 85%。

4. 风管及部件局部涂刷

(1)风管制好前预先在薄钢板上进行喷涂防锈底漆,喷涂的质量好,无漏涂现象,风管咬口缝内均有涂料,延长风管的使用寿命,而且下料后的多余边角料短期内不会锈蚀,能回收利用。如果采用风管制作后涂刷漆,在制作过程中必须先将薄钢板在咬口部位涂刷防锈底漆。

(2)法兰或加固角钢制作后,必须在和风管组装前涂刷防锈底漆,不应在组装后涂刷,否则将会使法兰或加固角钢与风管接触面漏涂刷防锈底漆,而产生锈蚀。

(3)风口和风阀的叶片和本体,应在组装前根据工艺情况先涂刷防锈底漆,可防止漏涂的现象。如组装后涂刷防锈底漆,致使局部位置漏涂,而产生锈蚀。

(4)支、吊架的防腐工作,必须在下料预制后进行。应避免风管吊装到支架后再涂刷漆,这将会使支、吊架与风管接触部分漏涂。

第八章 防水涂料施工

第一节 施 工 要 求

一、一般规定【新手技能】

1. 基本要求

(1)防水涂料应采用高聚物改性沥青防水涂料、合成高分子防水涂料、聚合物乳液防水涂料和聚合物水泥防水涂料。

(2)屋面防水涂料的选择应符合下列规定：

1)根据当地历年最高气温、最低气温、屋面坡度和使用条件等因素,选择耐热性、低温柔性相适应的涂料;

2)根据基层变形程度、结构形式、当地年温差、日温差和有无振动等因素,选择拉抻性能相适应的涂料;

3)根据屋面防水涂膜的暴露程度,选择耐紫外线、耐老化保持率相适应的涂料;

4)屋面排水坡度大于 25％时,不宜采用干燥成膜时间长的涂料。

(3)防卷材的外观质:防水涂料涂膜厚度符合表 8-1 规定。

表 8-1 防水涂料涂膜厚度

屋面防水等级	设防道数	高聚物改性沥青防水涂料	合成高分子防水涂料和聚合物水泥防水涂料
Ⅰ	三道或三道以上设防		不应小于 1.5mm
Ⅱ	二道设防	不应小于 3mm	不应小于 1.5mm
Ⅲ	一道设防	不应小于 3mm	不应小于 2mm
Ⅳ	一道设防	不应小于 2mm	

2. 屋面找平层

(1)水泥砂浆、细石混凝土、沥青砂浆找平层的厚度和技术要求应符合表 8-2～表 8-4 的规定。

表 8-2　水泥砂浆找平层技术要求

项　目	技　术　要　求	备　注
配合比	(1：2.5)～(1：3)(水泥：砂)体积比,水泥强度等级不低于 32.5 级,宜掺抗裂纤维	
厚度	基层为整体混凝土:15～20mm。基层为整体现浇或板状保温材料:20～25mm。基层为装配式混凝土板:20～30mm	
坡度	结构找坡不应小于 3%;材料找坡宜为 2%;天沟纵坡不应小于 1%;沟底水落差不得超过 200mm	平屋顶
分格缝	位置应留设在板端缝处;纵向间距不宜大于 6m;横向间距不宜大于 6m;缝宽 20mm	
表面平整度	用 2m 直尺检查,不应大于 5mm	
含水率	将 1m² 卷材平坦地铺在找平层上,静置 3～4h,掀开检查,覆盖部位与卷材上未见水印即可	
表面质量	应平整、压光,不得有酥松、起砂、起皮现象及过大裂缝	

表 8-3　细石混凝土找平层技术要求

项　目	技　术　要　求	备注
混凝土强度等级	不应低于 C20	
厚度	30～35mm(基层为松散材料保温层)	
坡度	材料找坡宜为 2%;天沟纵坡不应小于 1%;沟度水落差不得超过 200mm	
分格缝	位置应留设在板端缝处;纵向间距不宜大于 6m;横向间距不宜大于 6m;缝宽 20mm	
表面平整度	用 2m 直尺检查,不应大于 5mm	
含水率	将 1m 卷材平坦地铺在找平层上,静置 3～4h,掀开检查,覆盖部位与卷材上未见水印即可	
表面质量	应平整、压光,不得有酥松、起砂、起皮现象	

表 8-4　沥青砂浆找平层技术要求

项　目	技　术　要　求	备　注
配合比	质量比为 1：8(沥青：砂)	
厚度	基层为整体混凝土：15～20mm。基层为装配式混凝土板、整体或板状材料保温层：20～25mm	
分格缝	位置应留设在板端缝处；纵向间距不宜大于 4m；横向间距不宜大于 4m；缝宽 20mm	
坡度	结构找坡不应小于 3%；材料找坡宜为 2%；天沟纵坡不应小于 1%；沟底水落差不得超过 200mm	平屋顶
表面平整度	用 2m 直尺检查，不应大于 5mm	

(2)找平层的基层采用装配式钢筋混凝土板时，应符合下列规定：

1)板端、侧缝应用细石混凝土灌缝，其强度等级不应低于 C20。

2)板缝宽度大于 40mm 或上窄下宽时，板缝内应设置构造钢筋。

3)板端缝应进行密封处理。

(3)找平层的排水坡度应符合设计要求。平屋面采用结构找坡不应小于 3%，采用材料找坡宜为 2%；天沟、檐沟纵向找坡不应小于 1%，沟底水落差不得超过 200mm。

(4)基层与突出屋面结构(女儿墙、山墙壁、天窗壁、变形缝、烟囱等)的交接处和基层的转角处，找平层均应做成圆弧状，其半径应符合表 8-5 的要求。内部排水的水落口周围，找平层应做成略低的凹坑。

表 8-5　转角处圆弧半径

卷材种类	圆弧半径(mm)
沥青防水卷材	100～150
高聚物改性沥青防水卷材	50
合成高分子防水卷材	20

(5)找平层宜设分格缝，并嵌填密封材料。分格缝应留设在板端缝处，其纵横缝的最大间距：水泥砂浆或细石混凝土找平层，不宜大于 6m；沥青砂浆找平层，不宜大于 4m。

3. 屋面保温层

（1）屋面保温可采用板状保温材料和整体现浇（喷）材料保温层。保温层应干燥，封闭保温层的含水率应相当于该材料在当地自然风干状态下的平衡含水率。屋面保温层干燥有困难时，应采用排气措施。

（2）倒置式屋面应采用吸水率小、长期浸水不腐烂的保温材料。保温层上应用混凝土等块材、水泥砂浆或卵石做保护层；卵石保护层与保温层之间，应干铺一层无纺聚酯纤维布做隔离层。

（3）不同种类保温层施工要求

不同种类保温层施工要求见表 8-6。

表 8-6 不同材料保温层施工要求

材料种类	要　　求
松散材料保温层	（1）铺设松散材料保温层的基层应平整、干燥和干净 （2）保温层含水率应符合设计要求 （3）松散保温材料应分层铺设并压实，压实的程度与厚度应经试验确定 （4）保温层施工完成后，应及时进行找平层和防水层的施工；雨季施工时，保温层应采取遮盖措施
板状材料保温层	（1）板状材料保温层的基层应平整、干燥和干净 （2）板状保温材料应紧靠在需保温的基层表面上，并应铺平垫稳 （3）分层铺设的板块上下层接缝应相互错开；板间缝隙应采用同类材料嵌填密实 （4）粘贴的板状保温材料应贴严、粘牢
整体现浇灌（喷）保温层	（1）沥青膨胀蛭石、沥青膨胀珍珠岩宜用机械搅拌，并应色泽一致，无沥青团；压实程序根据试验确定，其厚度应符合设计要求，表面应平整 （2）硬质聚氨酯泡沫塑料应按配比准确计量，发泡厚度均匀一致

（4）保温层厚度应符合设计要求。在选用保温层厚度时，可参考表 8-7 的要求。

表 8-7　保温层厚度选用表

采暖期室外平均温度 t_c(℃)	$R_0=1/K_0$ (m²·K/W) 体形系数≤0.3 (体形系数>0.3)	水泥聚苯板 (mm)	沥青膨胀珍珠岩板 (mm)	水泥膨胀蛭石板 (mm)	水泥膨胀珍珠岩板 (mm)	加气混凝土块 (mm)	聚苯乙烯泡沫塑料板 (mm)	挤塑聚苯乙烯泡沫塑料板 (mm)	硬质聚氨酯泡沫塑料板 (mm)
2～－2	1.25 (1.67)	120 (180)	130 (190)	190 (270)	210 (310)	250 (370)	50 (75)	30 (45)	25 (40)
－2.1～－5	1.43 (2.00)	140 (220)	150 (240)	220 (340)	260 (390)	300 (470)	60 (90)	35 (55)	30 (45)
－5.1～－8	1.67 (2.50)	180 (290)	190 (310)	270 (450)	310 (510)	370 (610)	75 (120)	45 (70)	40 (60)
－8.1～－11	2.00 (3.33)	220 (400)	240 (430)	340 (620)	390 (710)	470 (850)	90 (165)	55 (100)	45 (85)
－11.1～－14.5	2.50 (4.00)	290 (490)	310 (520)	450 (760)	510 (870)	610 (1040)	120 (200)	70 (120)	60 (105)

(5)单坡跨度大于 9m 的屋面宜做结构找坡,坡度不应小于 3%。

(6)板状保温材料的质量应符合表 8-8 的要求。

表 8-8　板状保温材料质量要求

项　目	聚苯乙烯泡沫塑料类		硬质聚氨酯泡沫塑料	泡沫玻璃	微孔混凝土类	膨胀蛭石(珍珠岩)制品
	挤压	模压				
表观密度/ (kg/m³)	≥32	15～30	≥30	≥150	400～600	200～350
热导率/[W/ (m·K)]	≤0.03	≤0.041	≤0.027	≤0.062	≤0.22	≤0.087
抗压强度/MPa	—	—	—	≥0.4	≥0.4	≥0.3
在 10%形变下的压缩应力/MPa	≥0.25	≥0.06	≥0.15	—	—	—

续表 8-8

项　目	聚苯乙烯泡沫塑料类		硬质聚氨酯泡沫塑料	泡沫玻璃	微孔混凝土类	膨胀蛭石（珍珠岩）制品
	挤压	模压				
70℃，48h 后尺寸变化率(%)	≤2.0	≤5.0	≤4.0	—	—	—
吸水率(体积分数)(%)	≤1.5	≤6	≤3	≤0.5	—	—
外观质量	板的外形基本平整，无严重凹凸不平；厚度允许偏差为 5%，且不大于 4mm					

4. 防水涂膜施工

(1)涂膜应根据防水涂料的品种分层分遍涂布，不得一次涂成。

(2)应待先涂的涂层干燥成膜后，方可涂后一遍涂料，前后二遍涂料涂布方向应互相垂直。

(3)需铺设胎体增强材料时，屋面坡度小于 15%时，可平行屋脊铺设；屋面坡度大于 15%时，应垂直于屋脊铺设，并由屋面最低处向上进行。

(4)长边搭接宽度不应小于 50mm，短边搭接宽度不应小于 70mm。

(5)采用二层胎体增强材料时，上下层不得相互垂直铺设，搭接缝应错开，其间距不应小于幅宽的 1/3。

(6)多组分涂料应按配合比准确计量，搅拌均匀，并应根据有效时间确定使用量。

(7)天沟、檐沟、檐口、泛水和立面涂膜防水层的收头，应用防水涂料多遍涂刷，或用密封材料封严。

(8)涂膜与卷材或刚性材料复合使用时，涂膜宜放在下部，涂膜防水层上设置块体材料或水泥砂浆、细石混凝土时，二者之间应设隔离层。隔离层可采用于铺塑料膜、土工布或卷材。

(9)合成高分子涂膜的上部，不得采用热熔型卷材或涂料。

(10)涂膜防水层，严禁在雨天、雪天和五级风以上天气施工，其施工环境气温应符合表8-9规定。

表8-9　施工环境气温条件

材料名称	施工环境气温
高聚物改性沥青涂料	溶剂型−5℃～35℃,水溶型5℃～35℃
合成高分子防水涂料	反应型和水乳型5℃～35℃,溶剂型−5℃～35℃
聚合物水泥防水涂料	5℃～35℃

5. 施工要求

(1)涂膜防水施工前,屋面基层必须通过验收检查,并达到合格要求后方可施工,屋面基层的干燥程度应视所用涂料特性确定。当采用溶剂型涂料时,屋面基层应干燥。

(2)涂膜防水的操作方法有抹压法、涂刷法、涂刮法、机械喷涂法。各种施工方法及适应范围,见表8-10。

表8-10　涂抹防水的操作方法和适用范围

操作方法	具体做法	适应范围
抹压法	涂料用刮板刮平,待平面收水但未结膜时用铁抹子压实抹光	用于固体含量较高,流平性较差的涂料
涂刷法	用扁油刷、圆滚刷蘸防水涂料进行涂刷	用于立面防水层,节点的细部处理
涂刮法	先将防水涂料倒在基面上,用刮板来回涂刮,使其厚度均匀	用于黏度较大的高聚物改性沥青防水涂料和合成高分子防水涂料的大面积施工
机械喷涂法	将防水涂料倒在设备内,通过压力喷枪将防水涂料均匀喷出	用于各种涂料及各部位施工

(3)防水涂料施工应按"先高后低,先远后近"的原则进行。高低跨屋面一般先涂布高跨屋面,后涂布低跨屋面;同一屋面上,要合理安排施工段,先涂布距上料点远的部位,后涂布近处。先涂布水落口、天沟、檐口等节点部位,再进行大面积涂布。

(4)在涂膜防水层实干前,不得在其上进行其他施工作业,涂膜防水屋面上不得直接堆放物品。

（5）天沟、檐沟、檐口、泛水和立面涂膜防水层的收头，应用防水涂料多遍涂刷或用密封材料封严。

（6）涂膜防水层完工并经验收合格后，做好成品保护。保护层的施工应符合第三章的有关规定。

二、材料要求【新手技能】

（1）高聚物改性沥青防水涂料质量应符合表 8-11 的要求。

表 8-11　高聚物改性沥青防水涂料质量要求

项　目		质量要求	
		水乳型	溶剂型
固体含量（%）		≥43	≥48
耐热性（80℃，5h）		无流淌、起泡、滑动	
低温柔性（2h）		−10℃，绕 ϕ20mm 圆棒无裂纹、断裂	−15℃，绕 ϕ10mm 圆棒无裂纹、断裂
不透水性	压力（MPa）	≥0.1	≥0.2
	保持时间（min）	≥30	≥30
延伸性（min）		≥4.5	—
抗裂性（min）		—	基层裂缝 0.3mm，涂膜无裂纹、断裂

（2）合成高分子防水涂料质量应符合表 8-12 和表 8-13 的要求。

表 8-12　合成高分子防水涂料（反应固化型）质量要求

项　目	质量要求	
	Ⅰ类	Ⅱ类
拉伸强度（MPa）	≥1.9（单、多组分）	≥2.45（单、多组分）
断裂伸长率（%）	≥550（单组分） ≥450（多组分）	≥450（单组分）
低温柔性（2h）	−40℃（单组分），−35℃（多组分），弯折无裂纹	

续表 8-12

项　　目		质量要求	
		Ⅰ类	Ⅱ类
不透水性	压力(MPa)	≥0.3(单、多组分)	
	保持时间(min)	≥30(单、多组分)	
固体含量(%)		≥80(单组分),≥92(多组分)	

表 8-13　合成高分子防水涂料(挥发固化型)质量要求

项　　目		质量要求
拉伸强度(MPa)		≥1.5
断裂伸长率(%)		≥300
低温柔性(2h)		−20℃,绕 ϕ10mm 圆棒无裂纹
不透水性	压力(MPa)	≥0.3
	保持时间(min)	≥30
固体含量(%)		≥65

(3)聚合物水泥防水涂料质量应符合表 8-14 的要求。

表 8-14　聚合物水泥防水涂料质量要求

项　　目		质量要求
固体含量(%)		≥65
拉伸强度(MPa)		≥1.2
断裂伸长率(%)		≥200
低温柔性(2h)		−10℃,绕 ϕ10mm 圆棒无裂纹
不透水性	压力(MPa)	≥0.3
	保持时间(min)	≥30

(4)胎体增强材料的质量应符合表 8-15 的要求。

表 8-15　胎体增强材料的质量要求

项　目		质量要求	
		聚酯无纺布	化纤无纺布
外　观		均匀、无团状、平整无折皱	
拉力(宽 50mm)/N	纵向	≥150	≥45
	横向	≥100	≥35
延伸率(%)	纵向	≥10	≥20
	横向	≥20	≥25

(5)防水涂料和胎体增强材料的贮运保管应符合下列规定：

1)防水涂料包装容器必须密封，容器表面应标明涂料名称、生产厂名、执行标准号、生产日期和产品生效期。不同品种、规格和等级的产品应分别存放。反应型和水乳型涂料贮存和保管环境不应低于 5℃。溶剂型涂料贮存和保管环境温度不宜低于 0℃，并不得日晒、碰撞和渗漏。保管环境应干燥、通风，并远离火源。仓库内应有消防设施。

2)胎体材料贮运、保管环境应干燥、通风，并远离火源。

三、进场的防水涂料和胎体增强材料抽样复检【高手技能】

(1)防水涂料和胎体增强材料进场后，应进行见证取样检测，即在监理单位或建设单位监督下，由施工单位有关人员现场取样，并送至具备相应资格的检测单位进行检测，同一规格、品种的进场材料抽样复检应符合表 8-16 的要求。

表 8-16　材料进场抽样复验要求

材料名称	现场抽检	外观质量检验
防水涂料	每 10t 为一批，不足 10t 按一批抽样	包装完好无损，且标明涂料名称、生产日期、生产厂名、产品有效期、执行标准
胎体增强材料	每 3000m² 为一批，不足 3000m² 按一批抽样	均匀，无团状，平整，无褶皱

(2)防水涂料和胎体增强材料的物理性能检验，全部指标达到标准

规定时为合格。其中若有一项指标达不到要求,允许在受检产品中加倍取样进行该项复检,复检结果如仍不合格,则判定该产品为不合格。

(3)进场的防水涂料和胎体增强材料物理性能应检验下列项目。

1)高聚物改性沥青防水涂料:固体含量,耐热性,低温柔性,不透水性,延伸性或抗裂性。

2)合成高分子防水涂料和聚合物水泥防水涂料:拉伸强度,断裂伸长率,低温柔性,不透水性,固体含量。

3)胎体增强材料:拉力和延伸率。

四、节点细部构造【高手技能】

(1)天沟、檐沟与屋面交接处的附加层宜空铺,空铺宽度不应小于200mm,如图8-1所示。

(2)无组织排水檐口的涂膜防水层收头,应用防水涂料多遍涂刷或用密封材料封严檐口下端应做滴水处理,如图8-2所示。

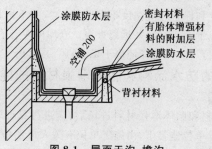

图 8-1　屋面天沟、檐沟

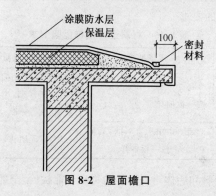

图 8-2　屋面檐口

（3）泛水处的涂膜防水层，宜直接涂刷至女儿墙的压顶下，收头处理应用防水涂料多遍涂刷或用密封材料封严；压顶应做防水处理，如图8-3所示。

（4）变形缝内应填充泡沫塑料，其上放衬垫材料，并用卷材封盖；顶部应加扣混凝土盖板或金属盖板，如图8-4所示。

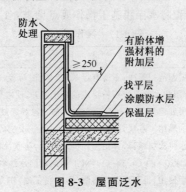

图 8-3 屋面泛水

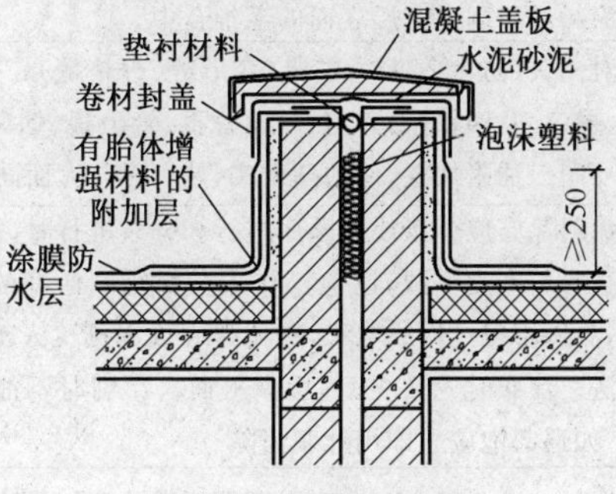

图 8-4 屋面变形缝

第二节 涂膜防水层

一、高聚物改性沥青防水涂膜施工【高手技能】

1. 工艺流程

高聚物改性沥青防水涂料工艺流程（以二布六涂为例）：

基层处理→涂刷基层处理剂→铺贴附加层→刷第一遍涂料→表干后,铺第一层胎体布,刷第二遍涂料→实干后,刷第三遍涂料→表干后,铺第二层胎体布,刷第四遍涂料→实干后,刷第五遍涂料→蓄水试验→刷第六遍涂料→保护层施工。

2. 操作要点

高聚物改性沥青防水涂膜施工操作要点见表 8-17。

表 8-17　操作要点

项　　　目	操 作 要 点
基层处理	将屋面清扫干净,不得有浮灰、杂物、油污等,表面如有裂缝或凹坑,应用防水胶与滑石粉拌成的腻子修补,使之平滑
涂刷基层处理剂	基层处理剂可以隔断基层潮气,防止涂膜起鼓、脱落,增强涂膜与基层的黏结。基层处理剂可用掺 0.2%~0.5% 乳化剂的水溶液或软化水将涂料稀释,其用量比例一般为:防水涂料:乳化剂水溶液(或软水)=1:(0.5~1)。对于溶剂型防水涂料,可用相应的溶剂稀释后使用;也可用沥青溶液(即冷底子油)作为基层处理剂,基层处理剂应涂刷均匀,无露底,无堆积。涂刷时,应用刷子用力薄涂,使涂料尽量刷进基层表面的毛细孔中
铺贴附加层	对一头(防水收头)、二缝(变形缝、分格缝)、三口(水落口、出入口、檐口)及四根(女儿墙根、设备根、管道根、烟囱根)等部位,均加做一布二油附加层,使粘贴密实,然后再与大面同时做防水层涂刷
刷第一遍涂料	涂料涂布应分条或按顺序进行。分条进行时,每条宽度应与胎体增强材料宽度一致,以免操作人员踩踏刚涂好的涂层。涂刷应均匀,涂刷不得过厚或堆积,避免露底或漏刷。人工涂布一般采用蘸刷法。涂布时先涂立面,后涂平面。涂刷时不能将气泡裹进涂层中,如遇起泡应立即用针刺消除
铺贴第一层胎体布,刷第二遍涂料	第一遍涂料经 2~4h 表干后即可铺贴第一层胎体布,同时刷第二遍涂料铺设胎体增强材料时,屋面坡度小于 3% 时,应平行于屋脊铺设;屋面坡度大于 3% 小于 15% 时,可平行或垂直屋脊铺设,平行铺设能提高工效;屋面坡度大于 15% 时,应垂直于屋脊铺设。胎体长边搭接宽度不应小于 50mm,短边搭接宽度不应小于 70mm,收口处要贴牢,防止胎体露边、翘边等缺陷,排除气泡,并使涂料浸透布纹,防止起鼓等现象。铺设胎体增强材料时应铺平,不得有皱折,但也不宜拉得过紧

续表 8-17

项 目	操 作 要 点
刷第三遍涂料	上遍涂料实干后(约 12～14h)即可涂刷第三遍涂料,要求及做法同涂刷第一遍涂料
刷第四遍涂料	同时铺第二层胎体布:上遍涂料表干后即可刷第四遍涂胶料,同时铺第二层胎体布。铺第二层胎体布时,上下层不得相互垂直铺设,搭接缝应错开,其间距不应小于幅宽的 1/3
涂刷第五遍涂料	上遍胶料实干后,即可涂刷第五遍涂料
淋水或蓄水检验	第五遍涂料实干后,厚度达到设计要求,可进行蓄水试验。方法是临时封闭水落口,然后蓄水,蓄水深度按设计要求,时间不少于 24h。无女儿墙的屋面可做淋水试验,试验时间不少于 2h,如无渗漏,即认为合格,如发现渗漏,应及时修补,再做蓄水或淋水试验,直至不漏为止
涂第六遍涂料	经蓄水试验不漏后,可打开水落口放水。干燥后再刷第六遍涂料

二、聚氨酯防水涂膜【高手技能】

1. 工艺流程

基层处理→涂刷基层处理剂→附加层施工→大面防水层涂布→淋水或蓄水检验→保护层隔离施工→验收。

2. 操作要点

聚氨酯防水涂膜施工操作要点见表 8-18。

表 8-18 操作要点

项 目	内 容
基层处理	清理基层表面的尘土、砂粒、砂浆硬块等杂物,并吹(扫)净浮尘。凹凸不平处,应修补

续表 8-18

项　　目	内　　容
涂刷基层处理剂	大面积涂刷防水膜前,应做基层处理剂。基层处理剂可以隔断基层潮气,防止涂膜起鼓、脱落,增强涂膜与基层的黏结。基层处理剂可用掺 $0.2\%\sim0.5\%$ 乳化剂的水溶液或软化水将涂料稀释,其用量比例一般为:防水涂料:乳化剂水溶液(或软水)＝1:$(0.5\sim1)$。对于溶剂型防水涂料,可用相应的溶剂稀释后使用;也可用沥青溶液(即冷底子油)作为基层处理剂,基层处理剂应涂刷均匀,无露底,无堆积。涂刷时,应用刷子用力薄涂,使涂料尽量刷进基层表面的毛细孔中
附加层施工	对一头(防水收头)、二缝(变形缝、分格缝)、三口(水落口、出入口、檐口)及四根(女儿墙根、设备根、管道根、烟囱根)等部位,均加做一布二油附加层,使其粘贴密实,然后再与大面同时做防水层涂刷
甲乙组分混合	其配料方法是将聚氨酯甲、乙组分和二甲苯按产品说明书配比及投料顺序配合、搅拌均匀,配制量视需要确定,用多少配制多少。附加层施工时的涂料也是用此法配制
大面防水涂布	(1)第一遍涂膜施工:在基层处理剂基本干燥固化后,用塑料刮板或橡皮刮板均匀涂刷第一遍涂膜,厚度为 $0.8\sim1.0$mm,涂量约为 1kg/m^2。涂刷应厚薄均匀一致,不得有漏刷、起泡等缺陷,若遇起泡,采用针刺消泡 　　(2)第二遍涂膜施工:待第一遍涂膜固化,实干时间约为 24h涂刷第二遍涂膜。涂刷方向与第一遍垂直,涂刷量略少于第一遍,厚度为 $0.5\sim0.8$mm,用量约为 0.7kg/m^2,要求涂刷均匀,不得漏涂、起泡 　　(3)待第二遍涂膜实干后,涂刷第三遍涂膜,直至达到设计规定的厚度
淋水或蓄水检验	第五遍涂料实干后,进行淋水或蓄水检验。条件允许时,有女儿墙的屋面蓄水检验方法是临时封闭水落口,然后用胶管向屋面注水,蓄水高度至泛水高度,时间不少于 24h。无女儿墙的屋面可做淋水试验,试验时间不少于 2h,如无渗漏,即认为合格,如发现渗漏,应及时修补

三、聚合物乳液建筑防水涂膜【高手技能】

1. 工艺流程

基层处理→涂刷基层处理剂→附加层施工→分层涂布防水涂料与铺贴胎体增强材料→淋水或蓄水检验→保护层施工→验收。

2. 操作要点(以二布六涂为例)

聚合物乳液建筑防水涂膜施工操作要点见表8-19。

表8-19　操作要点

项　　目	内　　容
基层处理	将屋面基层清扫干净,不得有浮灰、杂物或油污,表面如有质量缺陷应进行修补
涂刷基层处理剂	用软化水(或冷开水)按1∶1比例(防水涂料∶软化水)将涂料稀释,薄层用力涂刷基层,使涂料尽量涂进基层毛细孔中,不得漏涂
附加层施工	檐沟、天沟、落水口、出入口、烟囱、出气孔、阴阳角等部位,应做一布三涂附加层,成膜厚度不少于1mm,收头处用涂料或密封材料封严
分层涂布防水涂料与铺贴胎体增强材料	(1)刷第一遍涂料:要求表面均匀,涂刷不得过厚或堆积,不得露底或漏刷。涂布时先涂立面,后涂平面。涂刷时不能将气泡裹进涂层中,如遇起泡应立即用针刺消除 (2)铺贴第一层胎体布,刷第二遍涂料:第一遍涂料经2~4h,表干不粘手后即可铺贴第一层胎体布,同时刷第二遍涂料。涂料涂布应分条或按顺序进行。分条进行时,每条宽度应与胎体增强材料宽度一致,以免操作人员踩踏刚涂好的涂层 (3)刷第三遍涂料:上遍涂料实干即可涂刷第三遍涂料,要求及做法同涂刷第一遍涂料 (4)刷第四遍涂料,同时铺第二层胎体布:上遍涂料表干后即可涂刷第四遍涂料,同时铺第二层胎体布。铺第二层胎体布时,上下层不得相互垂直铺设,搭接缝应错开,其间距不应小于幅宽的1/3。具体做法同铺第一层胎体布方法 (5)涂刷第五遍涂料:上遍涂料实干后,即可涂刷第五遍涂料,此时的涂层厚度应达到防水层的设计厚度 (6)涂刷第六遍涂料:淋水或蓄水检验合格后,清扫屋面,待涂层干燥后再涂刷第六遍涂料

续表 8-19

项　　目	内　　容
淋水或蓄水检验	（1）第一遍涂膜施工：在基层处理剂基本干燥固化后，用塑料刮板或橡皮刮板均匀涂刷第一遍涂膜，厚度为 0.8～1.0mm，涂量约为 1kg/m²。涂刷应厚薄均匀一致，不得有漏刷、起泡等缺陷，若遇起泡，采用针刺消泡 （2）第二遍涂膜施工：待第一遍涂膜固化，实干时间约为 24h 涂刷第二遍涂膜。涂刷方向与第一遍垂直，涂刷量略少于第一遍，厚度为 0.5～0.8mm，用量约为 0.7kg/m²，要求涂刷均匀，不得漏涂、起泡 （3）待第二遍涂膜实干后，涂刷第三遍涂膜，直至达到设计规定的厚度
淋水或蓄水检验	第五遍涂料实干后，进行淋水或蓄水检验。条件允许时，有女儿墙的屋面蓄水检验方法是临时封闭水落口，然后用胶管向屋面注水，蓄水高度至泛水高度，时间不少于 24h。无女儿墙的屋面可做淋水试验，试验时间不少于 2h，如无渗漏，即认为合格，如发现渗漏，应及时修补
保护层施工	经蓄水试验合格后，涂膜干燥后按设计要求施工保护层

四、聚合物水泥防水涂膜【高手技能】

1. 工艺流程

基层处理→配料→打底→涂刷下层→无织布→中层→上层的次序逐层完成→蓄水试验→保护层→验收。

2. 操作要点

（1）针对不同的防水工程，相应选择 P1、P2、P3 三种方法的一种或几种组合进行施工。这三种方法涂层结构示意如图 8-5～图 8-7 所示。

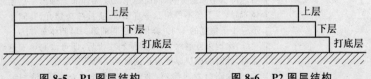

图 8-5　P1 图层结构　　　　　图 8-6　P2 图层结构

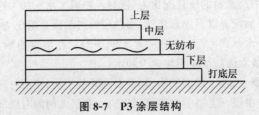

图 8-7　P3 涂层结构

P1 工法总用料量 2.1 kg/m²，适用范围：等级较低和一般建筑物的防水。配合比(有机液料：无机粉料：水)及各层用量如下：

打底层 10：7：14
0.3kg/m² → 下层 10：7：(0～2)
0.9kg/m² → 上层 10：7：(0～2)
0.9kg/m²

P2 工法总用料量 3.0kg/m²，适用范围：等级较高和重要建筑物的防水。配合比及各层用量如下：

打底层 10：7：14
0.3kg/m² → 下层 10：7：(0～2)
0.9kg/m² → 中层 10：7：(0～2)
0.9kg/m²

→ 上层 10：7：(0～2)
0.9kg/m²

P3 工法总用料量 3.0kg/m²，适用范围：重要建筑物的防水和建筑物异形部位的防水(例如女儿墙、雨水口、阴阳角等)。配合比及各层用量如下：

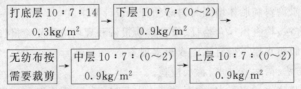

无纺布的材质为聚酯；单位重量为 35～60g/m²；厚度为 0.25～0.45mm。若涂层厚度不够，可加涂一层或数层。

(2)配料：如果需要加水，先在液料中加水，用搅拌器边搅拌边徐徐加入粉料，充分搅拌均匀，直到料中不含团粒为止(搅拌时间约为 3min 左右)。

打底层涂料的质量配比为：液料：粉料：水＝10：7：14。

下层、中层涂料的质量配比为:液料∶粉料∶水＝10∶7∶(0～2);上层涂料可加颜料以形成彩色层,彩色层涂料的质量配比为:液料∶粉料∶颜料∶水＝10∶7∶(0.5～1)∶90～2)。在规定的加水范围内,斜面、顶面或立面施工应不加或少加水。

(3)涂刷:用辊子或刷子涂刷,根据选择的工法,按照打底层→下层→无纺布→中层→上层的次序逐层完成。各层之间的时间间隔以前一层涂膜干固不粘为准(在温度为 20℃的露天条件下,不上人施工约需3h,上人施工约需 5h)。现场温度低、湿度大、通风差,干固时间长些;反之短些。

(4)混合后涂料的可用时间:在液料∶粉料∶水＝10∶7∶2,环境温度为 20℃的露天条件下,涂料可用时间约 3h。现场环境温度低,可用时间长些;反之短些。涂料过时稠硬后,不可加水再用。

(5)涂层颜色:聚合物水泥防水涂料的本色为半透明乳白色,加入占液料重量 5％～10％的颜料,可制成各种彩色涂层,颜料应选用中性的无机颜料,一般选用氧化铁系列,选用其他颜料须先经试验后方可使用。

(6)保护层施工:经蓄水试验合格后,涂膜干燥符合设计要求后施工保护层。

五、涂膜防层质量标准【高手技能】

1. 主控项目

(1)防水涂料和胎体增强材料必须符合设计要求。

检验方法:检查出厂合格证、质量检验报告和现场抽样复验报告。

(2)涂膜防水层不得有渗漏或积水现象。

检验方法:雨后或淋水、蓄水检验。

(3)涂膜防水层在天沟、檐沟、檐口、水落口、泛水、变形缝和伸出屋面管道的防水构造,必须符合设计要求。

检验方法:观察检查和检查隐蔽工程验收记录。

2. 一般项目

(1)涂膜防水层的平均厚度应符合设计要求,最小厚度不应小于设计厚度的 80％。

检验方法：针测法或取样量测。

（2）涂膜防水层与基层应黏结牢固，表面平整，涂刷均匀，无流淌、皱折、鼓泡、露胎体和翘边等缺陷。

检验方法：观察检查。

（3）涂膜防水层上的撒布材料或浅色涂料保护层应铺撒或涂刷均匀，黏结牢固；水泥砂浆、块材或细石混凝土保护层与涂膜防水层间应设置隔离层；刚性保护层的分格缝留置应符合设计要求。

检验方法：观察检查。

六、施工安全措施【高手技能】

（1）防水施工企业应当建立健全劳动安全生产教育培训制度，加强对职工安全生产的教育培训；未经安全生产教育培训的人员，不得上岗作业。

（2）防水工进入施工现场时，必须正确佩戴安全帽。

（3）高处作业施工要遵守相关施工组织设计和安全技术交底的要求。

（4）凡在坠落高度基准面 2m 以上，无法采取可靠防护措施的高处作业防水人员，必须正确使用安全带，安全带应定期检查，以确保安全。

（5）屋面防水施工使用的材料、工具等必须放置平稳，不得放置在屋面檐口、洞口或女儿墙上。

（6）遇有五级以上大风、雨雪天气，应停止施工，并对已施工的防水层采取措施加以保护。

（7）有机防水材料与辅料，应存放于专用库房内，库房内应干燥通风，严禁烟火。

（8）施工现场和配料场地应通风良好，操作人员应穿软底鞋、工作服，扎紧袖口，佩戴手套及鞋盖。

（9）涂刷基层处理剂和胶黏剂时，油漆工应戴防毒口罩和防护眼镜，操作过程中不得用手直接揉擦皮肤。

（10）患有心脏病、高血压、癫痫或恐高症的病人及患有皮肤病、眼病或刺激过敏者，不得参加防水作业。施工过样中发生恶心、头晕、过敏等现象时，应停止作业。

(11)用热玛瑞脂粘铺卷材时,浇油或铺毡人员应保持一定距离,壶嘴向下,不准对人,侧身操作,防止热油飞溅烫伤。浇油时,檐口下方不得有人行走或停留。

(12)使用液化气喷枪或汽油喷灯点火时,火嘴不准对人。汽油喷灯加油不能过满,打气不能过足。

(13)在坡度较大的屋面施工时,应穿防滑鞋,设置防滑梯,物料必须放置平稳。

(14)屋面四周没有女儿墙和未搭设外脚手架时,屋面防水施工必须搭设好防护栏杆,高度大于 1.2m,防护栏杆应牢固可靠。

(15)屋面防水施工应做到安全有序、文明施工、不损害公共利益。

(16)清理基层时应防止尘土飞扬。垃圾杂物应装袋运至地面,放在指定地点。严禁随意抛掷。

(17)施工现场禁止焚烧下脚料或废弃物,应集中处理。严禁防水材料混入土方回填。

(18)聚氨酯甲、乙组分及固化剂、稀释剂等均为易燃有毒物品,贮存时应放在通风干燥且远离火源的仓库内,施工现场严禁烟火。操作时应严加注意,防止中毒。

第三节　涂料防水层

一、施工要求【新手技能】

(1)涂料防水层包括无机防水涂料和有机防水涂料。无机防水涂料可选用水泥基防水涂料、水泥基渗透结晶型涂料。有机涂料可选用反应型、水乳型、聚合物水泥防水涂料。

防水涂料厚度见表 8-20。

表 8-20　防水涂料厚度　　　　　（单位:mm）

防水等级	设防道数	有机涂料			无机涂料	
		反应型	水乳型	聚合物水泥	水泥基	水泥基渗透结晶型
Ⅰ级	三道或三道以上设防	1.2～2.0	1.2～1.5	1.5～2.0	1.5～2.0	≥0.8

续表 8-20

防水等级	设防道数	有机涂料			无机涂料	
		反应型	水乳型	聚合物水泥	水泥基	水泥基渗透结晶型
Ⅱ级	二道设防	1.2～2.0	1.2～1.5	1.5～2.0	1.5～2.0	≥0.8
Ⅲ级	一道设防	—	—	≥2.0	≥2.0	—
	复合设防	—	—	≥1.5	≥1.5	—

(2)无机防水涂料宜用于结构主体的背水面,有机防水涂料宜用于结构主体的迎水面。用于背水面的有机防水涂料应具有较高的抗渗性,且与基层有较强的黏结力。

(3)防水涂料为多组分材料时,配料应按配合比规定准确计量、搅拌均匀,每次配料量必须保证在规定的可操作时间内涂刷完毕,以免固化失效。

(4)涂料防水层所用的材料必须配套使用,所有材料均应有产品合格证书,性能检测报告及材料的品种、规格、性能等应符合国家现行标准和设计要求。

(5)潮湿基层宜选用与潮湿基面黏结力大的无机涂料或有机涂料,或采用先涂水泥基类无机涂料而后涂有机涂料的复合涂层。

(6)冬季施工宜选用反应型涂料,如用水乳型涂料,温度不得低于 5℃。

(7)埋置深度较深的重要工程、有振动或有较大变形的工程宜选用高弹性防水涂料。

(8)有腐蚀性的地下环境宜选用耐腐蚀性较好的反应型、水乳型、聚合物水泥涂料并做刚性保护层。

(9)水泥基防水涂料的厚度宜为 1.5～2.0mm;水泥基渗透结晶型防水涂料的厚度不应小于 0.8mm;有机防水涂料根据材料的性能,厚度宜为 1.2～2.0mm。

(10)顶板的细石混凝土保护层与防水层之间应设隔离层。

(11)底板的细石混凝土厚度应大于 50mm。

(12)侧墙宜采用聚乙烯泡沫塑料或聚苯乙烯泡沫塑料保护层,或砖砌保护墙（边砌边填实）和铺抹 30mm 厚水泥砂浆。

二、施工准备【新手技能】

1. 技术交底

（1）单位工程、分部分项和分项工程开工前，项目技术负责人应向承担施工的负责人或分包人进行书面技术交底。技术交底资料应办理签字手续并归档。

（2）在施工过程中，项目技术负责人对发包人或监理工程师提出的有关施工方案、技术措施及设计变更的要求，应在执行前向执行人员进行书面技术交底。

（3）技术交底内容应包括：施工项目的施工作业特点和危险点；针对危险点的具体预防措施；应注意的安全事项；相应的安全操作规程和标准；发生事故后应及时采取的避难和急救措施。

（4）其具体要求为：熟悉设计图纸及施工验收规范，掌握涂膜防水的具体设计和构造要求；人员、物资、机具、材料的组织计划；与其他分项工程的搭接、交叉、配合；原材料的规格、型号、质量要求、检验方法；施工工艺流程及施工工艺中的技术要点。

2. 材料要求

（1）涂料等原材料进场时应检查其产品合格证及产品说明书，对其主要性能指标应进行复检，合格后方可使用。材料进场后应由专人保管，注意通风、严禁烟火，保管温度不超过 40℃，贮存期一般为 6 个月。防水涂膜的外观质量和物理性能应符合《地下防水工程质量验收规范》（GB 50208—2011）附录 A 中 A.0.2 条的各项要求，见表 8-21～表 8-23，同时须经试验检验。

表 8-21　　有机防水涂料物理性能

涂料种类	可操作时间（min）	潮湿基面黏结强度（MPa）	抗渗性（MPa）			浸水168h后断裂伸长率（%）	浸水168h后拉伸强度（MPa）	耐水性（%）	表干（h）	实干（h）
			涂膜（30min）	砂浆迎水面	砂浆背水面					
反应型	≥20	≥0.3	≥0.3	≥0.6	≥0.2	≥300	≥1.65	≥80	≤8	≤24
水乳型	≥50	≥0.2	≥0.3	≥0.6	≥0.2	≥350	≥0.5	≥80	≤4	≤12

续表 8-21

涂料种类	可操作时间（min）	潮湿基面黏结强度（MPa）	抗渗性（MPa）			浸水168h后断裂伸长率（%）	浸水168h后拉伸强度（MPa）	耐水性（%）	表干（h）	实干（h）
			涂膜（30min）	砂浆迎水面	砂浆背水面					
聚合物水泥	≥30	≥0.6	≥0.3	≥0.8	≥0.6	≥80	≥1.5	≥80	≤4	≤12

注：耐水性是指在浸水 168h 后材料的黏结强度及砂浆抗渗性的保持率。

表 8-22　无机防水涂料物理性能

涂料种类	抗折强度（MPa）	黏结强度（MPa）	抗渗性（MPa）	冻融循环
水泥基防水涂料	＞4	≥1.0	＞0.8	＞D50
水泥基渗透结晶型防水涂料	≥3	≥1.0	＞0.8	＞D50

表 8-23　胎体增强材料质量要求

项　目		聚酯无纺布	化纤无纺布	玻纤网布
外　观		均匀无团状，平整无折皱		
拉力（宽50mm）	纵向（N）	≥150	≥45	≥90
	横向（N）	≥100	≥35	≥50
延伸率	纵向（%）	≥10	≥20	≥3
	横向（%）	≥20	≥25	≥3

（2）胎体的选用应与涂料材性相搭配。应选用无毒难燃低污染的涂料。涂料施工时应有适合大面积防水涂料施工的可操作时间。

（3）涂膜要有一定的黏结强度，特别是在潮湿基面（即基面含水饱和但无渗漏水）上有一定的黏结强度。无机防水涂料应具有良好的耐磨性和抗刺穿性；有机防水涂料应具有较好的延伸性及较大适应基层变形的能力。

3. 施工机具、设备、施工现场要求

（1）涂膜防水施工的主要施工机具为垂直运输机具和作业面水平运

输工具,配料专用容器、搅拌用具以及施工中的涂刷辊压等小型工具。

(2)熟悉设计图纸及相关施工验收规范,掌握涂膜防水的具体设计和构造要求。编制涂膜防水工程分项施工方案、作业指导书等文件。

(3)涂料防水的上道工序防水基层已经完工,并通过验收。地下结构基层表面应平整、牢固,不得有起砂、疏松、空鼓等缺陷,基层表面的泥土、浮尘、油污、砂粒疙瘩等必须清除干净。

(4)基层表面应洁净干燥。施工期间应做好排防水工作,使地下水位降至涂膜防水层底部最低标高以下 300mm,以利于防水涂料的充分固化。施工完毕,须待涂层完全固化成膜后,才可撤掉排防水装置,结束排水工作。

(5)涂料施工前,基层阴阳角应做成圆弧形,阴角直径宜大于 50mm,阳角直径宜大于 10mm。

(6)涂料施工前应先对阴阳角、预埋件、穿墙管等部位进行密封或加强处理。

三、工艺流程【新手技能】

准备工作—基层处理—防水涂料涂刷—铺设胎体—防水层收头处理—保护层施工。

四、施工要点【高手技能】

1.涂刷前的准备工作

涂刷前准备工作体现在 3 方面,见表 8-24。

表 8-24　涂刷前准备工作

项　目	内　容
基层干燥程序要求	基层的检查、清理、修整应符合要求。基层的干燥程度应视涂料特性而定:水乳型涂料,基层干燥程度可适当放宽;溶剂型涂料,基层必须干燥
配料的搅拌	采用双组分涂料时,每份涂料在配料前必须先搅匀。配料时要求计量准确(过秤),主剂和固化剂的混合偏差不得大于 5% 涂料放入搅拌容器或电动搅拌器内,并立即开始搅拌。搅拌筒应选用圆的铁桶或塑料桶,以便搅拌均匀。采用人工搅拌时,要注意将材料上下、前后、左右及各个角落都充分搅匀,搅拌时间一般在 3~5min。掺入固化剂的材料应在规定时间使用完毕。搅拌的混合料以颜色均匀一致为标准

续表 8-24

项　目	内　容
涂层厚度控制试验	涂膜防水施工前,必须根据设计要求的涂膜厚度及涂料的含固量,确定每平方米涂料用量及每道涂刷的用量以及需要涂刷的遍数
涂刷间隔时间实验	涂刷防水涂料前必须根据其表干和实干时间确定每遍涂刷的涂料用量和间隔时间

2. 喷涂(刷)基层处理剂

涂(刷)基层处理剂时,应用刷子用力薄涂,使涂料尽量刷进基层表面毛细孔中,并将基层可能留下的少量灰尘等无机杂质,像填充料一样混入基层处理剂中,使之与基层牢固结合。涂刷时须薄而均匀,养护2~5h后进行底层防水涂膜施工。

3. 涂料涂刷

可采用棕刷、长柄刷、橡胶刮板、圆滚刷等进行人工涂布,也可采用机械喷涂。涂布立面最好采用蘸涂法,涂刷应均匀一致。涂刷平面部位倒料时要注意控制涂料的均匀倒洒,避免造成涂料难以刷开、厚薄不均等现象。前一遍涂层干燥后应将涂层上的灰尘、杂质清理干净后再进行后一遍涂层的涂刷。每层涂料涂布应分条进行,分条进行时,每条宽度应与胎体增强材料宽度相一致,每次涂布前,应严格检查前遍涂层的缺陷和问题,并立即进行修补后,方可再涂布下一遍涂层,涂层的总厚度应符合设计要求。

地下工程结构有高低差时,在平面上的涂刷应按"先高后低,先远后近"的原则涂刷。立面则由上而下,先涂转角及特殊应加强部位,再涂大面。同层涂层的相互搭接宽度宜为 30~50mm。涂料防水层的施工缝(甩槎)应注意保护,搭接缝宽度应大于 100mm,接涂前应将接槎处表面处理干净。

两层以上的胎体增强材料可以是单一品种的,也可采用玻纤布和聚酯毡混合使用。如果混用时,一般下层采用聚酯毡,上层采用玻纤布。

胎体增强材料铺设后,应严格检查表面是否有缺陷或搭接不足等现象。如发现上述情况,应及时修补完整,使它形成一个完整的防水层。

4. 收头处理

为防止收头部位出现翘边现象,所有收头均应用密封材料压边,压边宽度不得小于 10mm。收头处的胎体增强材料应裁剪整齐,如有凹槽时应压入凸槽内,不得出现翘边、皱折、露白等现象,否则应先进行处理后再涂封密封材料。

5. 防水涂料施工注意事项

(1)涂料及配套材料应为同一系列产品,具有相容性,配料计量准确,拌和均匀,每次拌料在可操作时间内使用完毕。双组分防水涂料操作时必须做到各组分的容器、搅拌棒、取料勺等不得混用,以免产生凝胶。

(2)涂料防水层的基层一经发现出现有强度不足引起的裂缝,应立刻进行修补,凹凸处也应修理平整。基层干燥程度应符合所用防水涂料的要求方可施工。

(3)涂刷程序应先做转角处、穿墙管道、变形缝等部位的涂料加强层,后进行大面积涂刷。节点的密封处理、附加增强层的施工应达到要求。

(4)有胎体增强材料增强层时,在涂层表面干燥之前,应完成胎体增强材料铺贴,涂膜干燥后,再进行胎体增强材料以上涂层涂刷。注意控制胎体增强材料铺设的时机、位置,铺设时要做到平整、无皱折、无翘边,搭接准确;涂料防水层中铺贴的胎体增强材料,同层相邻的搭接宽度应大于 100mm,上下接缝应错开 1/3 幅宽。涂料应浸透胎体,覆盖完全,不得有胎体外露现象。

(5)严格控制防水涂膜层的厚度和分遍涂刷厚度及间隔时间。涂刷应厚薄均匀、表面平整。涂膜应根据材料特点,分层涂刷至规定厚度,每次涂刷不可过厚,在涂刷干燥后,方可进行上一层涂刷,每层的接槎(搭接)应错开,接槎宽度为 30～50mm,上下两层涂膜的涂刷方向要交替改变。涂料涂刷全面、严密。

(6)涂料防水层的施工缝(甩槎)应注意保护,搭接缝宽应大于 100mm,接涂前应将其甩槎表面处理干净。

(7)防水涂料施工后,应尽快进行保护层施工,在平面部位的防水涂层,应经一定自然养护期后方可上人行走或作业。

五、质量标准【高手技能】

1. 主控项目

(1)涂料防水层所用材料及配合比必须符合设计要求。

检验方法:检查出厂合格证、质量检验报告、计量措施和现场抽样试验报告。

(2)涂料防水层及其转角处、变形缝、穿墙管道等细部做法均须符合设计要求。

检验方法:观察检查和检查隐蔽工程验收记录。

2. 一般项目

(1)涂料防水层的基层应牢固,基层表面应洁净、平整,不得有空鼓、松动、起砂和脱皮现象;基层的阴阳角处应做成圆弧形。

检验方法:观察检查和检查隐蔽工程验收记录。

(2)涂料防水层与基层应黏结牢固,表面平整、涂刷均匀,不得有流淌、皱折、鼓泡、露胎体和翘边等缺陷。

检验方法:观察检查。

(3)涂料防水层的平均厚度应符合设计要求,最小厚度不得小于设计厚度的80%。

检验方法:针测法或割取 20mm×20mm 实样用卡尺测量。

(4)侧墙涂料防水层的保护层与防水层黏结牢固,结合紧密,厚度均匀一致。

检验方法:观察检查。

六、安全施工措施【高手技能】

(1)涂料应达到环保要求,应选用符合环保要求的溶剂。因此,配料和施工现场应有安全及防火措施,涂料在贮存、使用全过程应特别注意防火。所有施工人员都必须严格遵守操作要求。

(2)着重强调临边安全,防止抛物和滑坡。防水涂料严禁在雨天、雪天、雾天施工;五级风及其以上时不得施工。

(3)施工现场应通风良好,在通风差的地下室作业,应有通风措施,高温天气施工,须做好防暑降温措施,现场操作人员应戴防护物品,避免污染或损伤皮肤。操作人员每操作 1～2h 应到室外休息 10～15min。

(4)清扫及砂浆拌和过程要避免灰尘飞扬,施工中生成的建筑垃圾要及时清理、清运。

(5)预计涂膜固化前有雨时不得施工,施工中遇雨应采取遮盖保护措施。

(6)溶剂型高聚物改性沥青防水涂料和合成高分子防水涂料的施工环境温度宜为－5℃～35℃;水乳型防水涂料的施工温度必须符合规范规定要求,施工环境温度宜为 5℃～35℃,严冬季节施工气温不得低于 5℃。

第九章 油漆工安全操作与环保

第一节 涂装工程安全管理

一、油漆工安全操作规程【新手技能】

(1)各类油漆和其他易燃、有毒材料,应存放在专用库房及容器内,不得与其他材料混放。少量挥发性油料应装入密闭容器内,妥善保管。库内严禁烟火,不得住人。库房外应设置消防器材。

(2)凡利用正在施工房屋作油漆配制间时,不得储存大量的原料,所有的油丝、油麻、漆油布、油纸均不得随便乱丢,应集中存放在金属容器内,定期处理。

(3)高处作业使用的脚手架,上脚手架时,应先检查脚手板无空隙和探头板牢固可靠。

(4)在没有外脚手架的二层楼以上刷窗外皮油漆时,应系挂好安全带。

(5)使用人字高凳或靠梯在光滑地面上操作时,凳子下脚应绑麻布或胶皮,拉绳、拉链应销牢。梯子靠墙根操作时应有人扶持,并不得站在最上一层操作,不得二人同时在同一个梯子上作业,不得站在高凳上移位。

(6)如需在高凳上搭脚手板时,应搭在两个高凳木撑上,并用绳索绑牢。挪动高凳时上面操作人员应下地,不得坐在高凳上挪移。

(7)在机器设备附近操作时,应在机械停车后,再进行操作。

(8)使用电动机械时,应按机械安全规程进行操作。电源应由电工安装。检查无漏电现象时再进行操作。中间停歇时应拉闸。使用空气压缩泵,压力不得超过规定,皮带轮应有防护罩。

(9)熬制胶、油、蜡等采用明火时,应履行动火审批手续。操作时应有专人监护,不得擅自离开岗位,应备有相应灭火器材、湿麻袋,砂土和铁锹等消防设施。

（10）化蜡时应采用水煮油罐的间接加热方法，不得用火烧直接烘烤盛油器具。兑松香水时，应远离火源。

（11）负责熬制胶、油、蜡的人员下班前，应将火熄灭，清除盖油纸，经检查无余火残存时方可离开现场。遇六级以上大风时，应立即熄火，停止作业。

（12）调制，操作有毒性的材料，或使用快干漆等有挥发性的材料，应根据材料毒性，配戴相应的防护用具，室内保持通风或经常换气。

（13）使用烫蜡机应经常检查热力丝无中断现象。

（14）使用喷灯时，装油不得过满，打气不得过足，应在避风处点燃喷灯，火嘴不能对人及燃烧物。使用时间不宜过长，停歇时应即刻熄火。

（15）做生漆时，在操作前先用软凡士林油膏擦涂两手及面部，以封闭外露皮肤毛细孔。如操作时手上沾染漆污时，可用香油或煤油、豆油擦拭干净，不得用松香水或汽油清洗，操作时，应戴口罩和手套，如发现生漆咬皮肤时，应用杉木或樟木熬制的温水擦洗，被漆咬后患者不能继续操作，并送医院治疗。对生漆过敏的人，不宜从事本工作。

（16）在暖气沟内操作时，应有安全电压照明设备和个体安全防护用具，洞口外须设专人监护，并经常与沟内人联系，以便发生事故及时抢救。

（17）在洞、室或容器内喷涂油漆时，应保持通风良好，油漆作业周围不得有火种。

（18）在坡度屋面上操作时，应先检查安全设施情况，如高出檐口1.5m的防护栏杆、安全网的牢固程度。在坡度较大的屋面上操作时，应设置活动板梯。

（19）进行封檐板刷漆或外檐喷漆，水落管刷油时，均需由架子工支搭有防护栏杆的外脚手架、吊脚手架或挑脚手架，每层脚手板两头应固定。

（20）喷砂除锈，应进行人员安全防护和环境保护，喷嘴接头应牢固，不得对人。喷嘴堵塞，应停机消除压力后，方可进行修理或更换。

（21）在用化学方法除掉旧漆时，应将清扫下来的物质妥善处理

二、涂装防火防爆【新手技能】

涂料的溶剂和稀释剂都属易燃品，具有很强的易燃性。这些物品在涂装施工过程中形成漆雾和有机溶剂蒸气，达到一定浓度时，易发生火灾和爆炸。常用溶剂爆炸界限，见表 9-1。

表 9-1　常用溶剂的爆炸界限

名　称	爆炸下限		爆炸上限	
	%（容量）	g（m³）	%（容量）	g（m³）
苯	1.5	48.7	9.5	308
甲苯	1.0	38.2	7.0	264
二甲苯	3.0	130.0	7.6	330
松节油	0.8		44.5	
漆用汽油	1.4		6.0	
甲醇	3.5	46.5	36.5	478
乙醇	2.6	49.5	18.0	338
正丁醇	1.68	51.0	10.2	309
丙酮	2.5	60.5	9.0	218
环己酮	1.1	44.0	9.0	
乙醚	1.85		36.5	
乙酸乙酯	2.18	80.4	11.4	410
乙酸丁酯	1.70	80.6	15.0	712

三、涂装安全技术【新手技能】

涂装安全技术具体表现在两方面，见表 9-2。

表 9-2　涂装安全技术

项　目	内　容
防火防爆	（1）配制使用乙醇、苯、丙酮等易燃材料的施工现场，应严禁烟火和使用电炉等明火设备，并应备置消防器材 （2）配制硫酸溶液时，应将硫酸注入水中，严禁将水注入硫酸中；配制硫酸乙酯时，应将硫酸慢慢注入酒精中，并充分搅拌，温度不得超过 60℃，以防酸液飞溅伤人 （3）防腐涂料的溶剂，常易挥发出易燃易爆的蒸汽，当达到一定浓度后，遇火易引起燃烧或爆炸，施工时应加强通风，降低积聚浓度

续表 9-2

项　目	内　容
防尘防毒	(1)研磨、筛分、配料、搅拌粉状填料,宜在密封箱内进行,并有防尘措施,粉料中二氧化硅在空气中的浓度不得超过 $2mg/m^3$ (2)酚醛树脂中的游离酚,聚氨酯涂料含有的游离异氰酸基,漆酚树脂漆含有的酚,水玻璃材料中的粉状氟硅酸钠,树脂类材料使用的固化剂如乙二胺、间苯二胺、苯磺酰氯、酸类及溶剂,如溶剂汽油和丙酮均有毒性,现场除自然通风外,还应根据情况设置机械通风,保持空气流通,使有害气体含量小于允许含量极限

四、安全注意事项【新手技能】

(1)涂料施工的安全措施主要要求:涂漆施工场地要有良好的通风,如在通风条件不好的环境涂漆时,必须安装通风设备。

(2)因操作不小心,涂料溅到皮肤上时,可用木屑加肥皂水擦洗;最好不用汽油或强溶剂擦洗,以免引起皮肤发炎。

(3)使用机械除锈工具(如钢丝刷、粗锉、风动或电动除锈工具)清除锈层、工业粉尘、旧漆膜时,为避免眼睛被沾污或受伤,要戴上防护眼镜,并戴上防尘口罩,以防呼吸道被感染。

(4)在涂装对人体有害的漆料(如红丹的铅中毒、天然大漆的漆毒、挥发型漆的溶剂中毒等)时,需要带上防毒口罩、封闭式眼罩等保护用品。

(5)在喷涂硝基漆或其他挥发型易燃性较大的涂料时,严禁使用明火,严格遵守防火规则,以免失火或引起爆炸。

(6)高空作业时要戴安全带,双层作业时要戴安全帽;要仔细检查跳板、脚手杆子、吊篮、云梯、绳索、安全网等施工用具有无损坏、捆扎牢不牢,有无腐蚀或搭接不良等隐患;每次使用之前均应在平地上做起重试验,以防造成事故。

(7)施工场所的电线,要按防爆等级的规定安装;电动机的启动装置与配电设备,应该是防爆式的,要防止漆雾飞溅到照明灯泡上。

(8)不允许把盛装涂料、溶剂或用剩的漆罐开口放置。浸染涂料或溶剂的破布及废棉纱等物,必须及时清除;涂漆环境或配料房要保持清洁,出入通畅。

（9）操作人员涂漆施工时，如感觉头痛、心悸或恶心，应立即离开施工现场，在通风良好的环境里换换新鲜空气，如仍然感到不适，应速去医院检查治疗。

第二节　家装涂料室内污染

一、涂料污染的原因【高手技能】

1. 涂料的组成及其污染成分

家装涂料分为 2 类，见表 9-3。

表 9-3　家装涂料

分　类	内　容
水性涂料	如普遍使用的"乳胶漆"，目前主要用于墙面的涂装 "乳胶漆"用水作溶剂，污染相对较小，一般不会造成急性中毒，但仍是一个重要的污染源。因为乳胶漆中含有大量的成膜助剂，这些成分是相对分子质量不大的有机化合物，会长期缓慢释放出来，往往成为可疑性致癌物质。特别是在乳胶漆底层用的"腻子"，往往含有大量的甲醛
油溶性涂料	即人们俗称的"油漆"。目前主要用于贴面板材、家具、金属结构等 "油漆"主要是因为含有大量有机溶剂和游离反应单体，可引起急性中毒或致癌。并且，所有这些挥发性的有机物进入大气后都会造成大气污染

2. 几种常见的重污染物质

常见的重污染物质有 4 类，见表 9-4。

表 9-4　常见的重污染物

种　类	内　容
甲醛	分子式为 HCHO，其 40%水溶液俗称福尔马林。它是一种无色可燃气体，强刺激性，有窒息性气味，对人的眼、鼻等有刺激作用，与空气形成爆炸性混合物，爆炸极限为 7%～73%，着火温度约 430℃ 毒性：吸入甲醛蒸汽会引起恶心、鼻炎、支气管炎和结膜炎等。接触皮肤会引起灼伤，应用大量水冲洗，肥皂水洗涤，空气中最大容许浓度 $10×10^{-6}$

续表 9-4

种　类	内　容
苯类物质	纯苯(C_6H_6);甲苯($C_6H_5CH_3$);二甲苯($CH_3C_6H_4CH_3$)。其中毒性最弱的是二甲苯,其毒性如下: 　　大鼠经口最低致死量 4000mg/kg,对小鼠致死量 15～35mg/L。人体长期吸入浓度超标的蒸汽,会出现疲惫、恶心、全身无力等症状,一般经治疗可愈,但也有因造血功能被破坏而患致死的颗粒性白细胞消失症
甲苯二异氰酸酯	即"固化剂",产品中的成分是经低度聚合的,毒性较小,但难免有部分未经聚合的游离甲苯二异氰酸酯,特别是市场上五花八门的品牌,部分市售的漆都可能超标,其毒性如下: 　　剧毒,对皮肤、眼睛和黏膜有强烈的刺激作用,长期接触可引起支气管炎,少数病例呈哮喘状支气管扩张,甚至肺心病等,大鼠(0.5～1)$\times 10^{-6}$浓度下每天吸入 6h,5～10d 致死,人体吸入 0.0005mg/L后,即发生严重咳嗽,空气中最高容许浓度为 0.14mg/m³
漆酚	大漆中含有大量的漆酚,毒性很大。常会引起皮肤过敏。现在一些低档漆中常用

3. 有机溶剂对大气的污染

　　有机溶剂对大气的污染主要是因为光化反应,造成了地面的臭氧含量升高,而人类生存环境中的臭氧浓度应不大于 0.12μL/L。

二、涂料 VOC【高手技能】

　　我国已颁布的《室内装饰装修材料　溶剂型木器涂料中有害物质限量》(GB 18581)和《室内装饰装修材料　内墙涂料中有害物质限量》(GB 18582),标准中明确规定了硝基漆类 VOC 指标定为 750g/L,醇酸漆类 VOC 指标定为 550g/L,硝基、醇酸、聚氨酯三类漆的苯含量指标为 0.5%,硝基漆类甲苯和二甲苯的总量指标定为 45%,醇酸漆类的甲苯和二甲苯的总量指标定为 10%,聚氨酯漆类的甲苯和二甲苯的总量指标定为 40%,聚氨酯涂料中游离 TDI 指标定为 0.7%;墙面涂料中 VOC 为 200g/L,游离甲醛指标定为 0.1g/kg。

参 考 文 献

［1］胡义铭编著．油漆工安全技术．北京:化学工业出版社,2005

［2］韩实彬编著．油漆工长．北京:机械工业出版社,2007

［3］刘同合,武国宽,李天军编著．油漆工手册(第三版).北京:中国建筑工业出版社,2005

［4］付大海等编著．油漆工技巧问答．北京:化学工业出版社,2002

［5］陈永编著．建筑油漆工技能．北京:机械工业出版社,2008

［6］段培杰,李吉曼编著．饰装修油漆工问答．北京:机械工业出版社,2007